LOCUS

LOCUS

LOCUS

LOCUS

from
vision

請支援搜尋！

你也可以用公開資訊破解共軍行動！

溫約瑟
Joseph Wen——著

目　錄

出版者序
不只是破解共軍行動，也不只是一本圖像推理小說
　　　　　　　　　　　　　　　　郝明義　007

推薦序
知彼知己者，百戰不殆——孫子・謀攻　林穎佑　011

Part 1　2021年6月14日以前的人生：
　　　　　隱性知識養成看待世界的獨特視角

1　2021年6月14日　016
2　聖經故事：從小養成的圖像語言訓練　019
3　升學至上且高壓的國中生活　023
4　放棄傳統升學道路，轉投音樂專業　033
5　大學生活與建立資料庫的契機　040

Part 2　如何破解解放軍資訊：
　　　　　從新手到圖資玩家，公開情報蒐集（OSINT）
　　　　　的技能解鎖之旅

1　歡迎來到地理定位的世界：我們身處公開情報
　　（OSINT）的時代　048
2　熱身挑戰賽：你能看得出這是哪裡嗎？　062

3　先備知識（一）：解放軍營區與訓場在衛星圖上的視覺特徵　072

4　先備知識（二）：如何用解放軍車牌編碼判讀單位　079

5　先備知識（三）：如何用免費開源工具觀察與記錄解放軍兩棲演訓　090

6　案例分享（一）：我的首張央視地理定位　099

7　案例分享（二）：解放軍防空陣地的特徵與判讀　103

8　案例分享（三）：基於裝備和陣地的視覺特徵建立資料庫並判讀位置　107

9　案例分享（四）：依地貌判斷移地訓練位置　113

10　案例分享（五）：從車牌號判斷單位並用衛星圖交叉確認　117

11　案例分享（六）：從車牌、地貌判斷單位與移地訓練位置　122

12　案例分享（七）：以榮譽稱號確認部隊駐地　123

13　特別收錄（一）：熟能生巧，時間的餽贈　128

14　特別收錄（二）：以影像情報觀察中共軍方座位與領導視察　132

Part 3 解放軍神祕單位首次公開：
信息支援部隊的編制與任務導向

1 研究動機與緣起說明　144
2 信息支援部隊的成立　147
3 信息支援部隊的人事　154
4 信息支援部隊的特性與任務導向　165
5 編制與部署（一）：信息通信旅、通信營、藏疆軍區直屬通信旅／團　175
6 編制與部署（二）：信息通信基地　185
7 編制與部署（三）：戰場環境保障基地、技術偵察基地、三一一基地　212
8 編制與部署（四）：電子對抗第二旅與工程維護總隊　227

後記　250

出版者序

不只是破解共軍行動，
也不只是一本圖像推理小說

大塊文化董事長
郝明義

　　溫約瑟大學是讀音樂系。他說：許多音樂系學生一生最輝煌的高峰就在辦畢業作品發表的那天，之後就要轉換人生跑道了。

　　然而，2021年，由於疫情的影響，他的畢業典禮沒能舉辦，連發表畢業作品的這一刻也沒享受到。

　　也就在那年6月一個夜裡，他寫自己在聯想起晏幾道詞句「紅燭自憐無好計，夜寒空替人垂淚」的氛圍裡，打開了電腦上網亂逛，卻在無意中發現了Google My Maps可以製作出專屬自己的地圖。

　　於是他冒出一個想法：何不找出繞台頻繁的共機共艦到底都來自哪裡，做一張可以標示出他們基地的地圖？

　　四年後的今天，他找出了七千多個解放軍各種基地營區、建立了多面觀察解放軍組織、動態的知識架構。

　　和許多音樂系畢業生一樣，溫約瑟也轉換了人生跑道。他不只成為研究中共解放軍的軍事達人，並且又進了

研究所讀東亞研究，還受兩個單位延聘為專業研究員。今年更全球首次破解、公布解放軍的一個神祕單位的編制：信息支援部隊。

《請支援搜尋！你也可以用公開資訊破解共軍行動！》是溫約瑟寫他怎麼一路走來，並分享他的專業知識，邀請大家一起加入這個有多元意義和收穫的行動。

而我看到這本書有四個閱讀的面向。

溫約瑟今年二十六歲。

近十年來我一直寫臺灣社會的根本問題是年長世代的陸地思維和年輕世代的海洋思維之衝突。

他寫自己學校裡的標語：「國高中享受六年，將來辛苦六十年／國高中辛苦六年，將來享受六十年」，那是典型陸地思維的教條。而他從網路上的亂逛會駛向自己人生的另一番天地，那是典型海洋思維乘風破浪的實例。

溫約瑟的成長經歷，正好可以讓年長世代的人得以一窺今天年輕人的掙扎和機會各有哪些。同樣是年輕世代的人，也方便借由他的人生路線，找出自己的座標和方向。

我也很感謝他寫出自己怎麼從國中時期對中共體制很好奇也有好感，還愛寫簡體字，轉而後來成為破解共軍行動的心路歷程。對了解今天臺灣少年、年輕世代，那是一個很重要的參考。

閱讀這本書的第二個面向，是當推理小說讀。

溫約瑟在書裡分享大量自己如何經由一則新聞，一張

照片的觸發，一路追根究柢找出解放軍各種空軍、海軍、陸軍、火箭軍等基地，並追蹤演訓；如何經由車牌研讀部隊單位，進行分析出中共各種部隊編制；甚至如何根據照片或影片來觀察中共軍方座位與習近平的視察等等。

每一個案例，都是他身為「偵探」破案的過程。

他會拿出一張照片、一段影片，講出他看到的線索，如何限縮思考範圍，又如何延伸聯想，最後從新聞裡只是空泛的「陸軍某旅進行防化演訓」、「炮兵演訓」一句話，精確地找出演訓地點、基地。

所以這本書可以當一部推理圖像小說來讀，一本以圖像為主的推理小說。Google Map、網路上其他各種Map、衛星圖、照片、影片，以及各種地形、建築、招牌、車輛、太陽光影呈現的蛛絲馬跡，像萬花筒裡的拼圖，在溫約瑟的推理中一步步、一點點越來越清楚，終於呈現全貌。

圖像在這本推理小說中佔如此重要的份量，又再度說明海洋思維和陸地思維的不同。年長的世代加陸地思維，普遍善長於用文字說故事，很難想像年輕世代用海洋思維加上網路，可以善用各種圖像把這件事做出什麼不同於之前的成果。

第三，這是一本可以開發自己使用「公開來源情報」（OSINT, Open Source Intelligence)專業能力，也更有覺知能力的書。

溫約瑟在書裡寫了這麼一段話，「不同於大眾在傳統

上對『情報』二字的想像，『公開來源情報』的資訊來源與駭客入侵等非法手段無關，乃是往往從日常可見、合法公開並免費的內容著手，如新聞媒體、社群媒體貼文、公部門網站公告、企業年報、學術論文、線上論壇討論串、地圖與衛星影像......等等。這些公開的資訊流如同散落在各處的拼圖，玩家需善用工具與自身的推理能力，從海量的零碎線索拼湊出完整且有用的資料。」

他說自己從公開來源情報裡選了「解放軍」這一寸土壤來耕耘，而顯然每個人都可以使用公開來源情報的廣袤土壤來進行自己專業的開墾。其中包括他不無感嘆地說自己無緣的「追星」上的運用。

我也體會到，善用「公開來源情報」其實也就是在善用自己的覺知。讓自己在所謂資訊泛濫、造成資訊焦慮的時代裡，如何保持耳聽四方、目看八方的同時，又有強大的聚焦與自律，因而可以煉沙成金。

溫約瑟每天分三個時段看中國的央視新聞、解放軍報、人民日報以及其他的公開資料。這些堅持和習慣，都是他能煉沙成金的基礎。

溫約瑟大約在第一年建立800個解放軍基地的時候就被新聞媒體注意，受到邀訪，因而出了一陣風頭。

後來他說就不再想上媒體，因為建幾千個基地或再多的量對他都不再是挑戰。

在破解解放軍情報這件事情上，我問過他如何評價自己在全球標準上的能力。溫約瑟說世界上還是有其他高

手，其中有一位匈牙利人尤其突出。他說西方人儘管在閱讀中文的條件上不利，但是有時候在搜尋圖像定位基地上還是比他還快。所以他的挑戰是在全球標準上做出沒有任何其他人做到的突破。

今年，溫約瑟做出了這個突破。

從2024年4月中共成立解放軍「信息支援部隊」之後，由於相關資訊在中國國內受到格外嚴格的審查，成了一個最神祕的單位。溫約瑟破解了這個信息支援部隊，把這個單位產生的源起、戰略、編制、人事任命、任務導向、各地布署，做了百科全書式的分解說明。

這個部分，是產生於臺灣，有助於全球進一步研究中共這個單位的貢獻。

我第一次見溫約瑟是在兩年前。初見最深的印象就是他說話不疾不徐，完全和他的年齡不相稱。

他一方面是圖像高手，一方面對文字和言語又有極高的敏感度。對話中總會隨時注意、調整自己用字遣詞的細微變化。

最有意思的，是最近和他通話，我從他的聲音中又聽出和之前不同的一種音感。比他二十六歲年齡又更深沉些的音感。

很高興在等了他兩年後看到這本書出版。

請支援搜尋！你也可以用公開資訊破解共軍行動！

歡迎！

推薦序

知彼知己者，百戰不殆
——孫子・謀攻

淡江大學國際事務與戰略研究所副教授
林穎佑博士

　　如何進行解放軍研究？這是在下經常被問到也多次自我省思的大哉問。由於因緣際會在下曾於不同教育單位中進行解放軍研究教學，從基本的書籍、報章雜誌、網路評論、官方報告無一不是從事研究的素材，特別隨著網際網路的興起，也促使網路社群的互動與對軍事資料普及上的便利。但在近年許多中國大陸軍事論壇與半官方的討論區都有相當幅度的改版，解放軍的相關資訊或許不再是隱密的黑盒子，相反是以「選擇性透明」，以龐大的公開素材塑造其軍事敘事與戰略訊號。這也造成研究者若無足夠的解讀能力很容易遭中共資訊誤導，特別是在政治偏見的有色眼鏡下，經常會出現誇大能力或是輕忽解放軍實力成長的問題。

　　從事解放軍研究又與一般中國大陸研究、兩岸關係研究有所差異，由於涉及軍事研究的敏感性與國家安全議題，自然不適合運用「田野調查」的方式進行。甚至是在

專家訪談上也會出現相當多的限制。即便如過去兩岸交流密切之際，探討國際問題、兩岸互動、比較政治都是經常談論的議題，但是在談論專業的國安與軍事問題上，許多中國與會者便不一定能如此暢所欲言，通常都會陷入學術交流的「深水區」甚至是涉及國家安全的「不回歸點」帶來不必要的麻煩。因此，民間解放軍研究者如何穿越資訊迷霧的限制，從各種公開資料中研析判讀軍事意圖、部隊動態與戰略邏輯，便為研究的重點。

2015年底，解放軍進行大幅度改革後，讓各界再次「重啟」解放軍研究，但在經過俄烏戰爭的經驗學習、2022年裴洛西訪台後的對台大軍演、2023、2024等聯合利劍演習後，解放軍再次進行組織改組。在如此詭譎多變的氛圍之下，更突顯本書的可貴。書中以詳實的研究方法，系統性介紹如何運用公開來源情報（Open-Source Intelligence, OSINT）對**如何「進行解放軍研究」**有完整的經驗分享。在現今「資訊過載卻真相稀缺」的時代，如何建立**來源比對、文本解析、路徑追溯與跨域印證**等研究素養本書都有詳細的說明，為中文界少數的佳作。

在下恩師林中斌教授曾說：如果我們過份依賴西方研究解放軍的看法，我們也會有類似的錯誤（方法、時間、空間、文化、層面的迷思），如果我們研究不夠深入，我們就只能依賴西方的研究成果。本書作者溫約瑟為目前國內利用公開資料進行解放軍研究的新銳青年才俊，令人驚訝的是過去學習音樂的他，現今能結合資訊專長對冷僻的解放軍研究有其深入的見解。此書不僅能一窺解放

軍部分現況，更是一本手把手教學的工具書，甚至是撥雲見日的鑰匙。本人在此誠摯推薦本書，給每一位關心印太區域安全、解放軍研究，或希望學習如何在公開情報中嘗試「抽絲剝繭」穿越五里迷障的年輕學子與實務工作者。私心希望本作品只是溫同學文武雙全之路的開端，未來會有更多揮灑的作品，讓更多有志青年能加入研究解放軍的行列。畢竟知己知彼，百戰不殆。

Part 1
2021年6月14日以前的人生

隱性知識養成看待世界的獨特視角

1

2021年6月14日

　　許多點子都是在夜半時分產生的,相信大家都有自己的「夜晚經驗」。

　　何以見得?現在回頭細想2021年6月14日。不禁想起高中讀過的詞句「紅燭自憐無好計,夜寒空替人垂淚。」此為古時的夜晚經驗,對於作者而言,他只有晚上才能安靜下來思考並找尋方向,而這樣的光景在現代社會似乎又加重了些。

　　那是個靜謐的夜,我獨自一人坐在教會三樓的學生中心,夜半時分只有手指敲打鍵盤發出的輕微聲響。有點無聊卻也自由,沒有特別的事要忙,也沒有人來打擾,我就窩在電腦前,像往常一樣打開瀏覽器亂逛。

滑著滑著，打開了Google My Maps，無意間發現，它可以標註座標在上面，製作出專屬自己的地圖，或許是受網路上看軍事迷分享的資訊啟發，也可能單純無聊使然；又或許是看到國外民間專家製作出俄軍地圖，發覺我們或許也需要一份解放軍的。

　　一不做二不休，頓時決定：「不如來把解放軍的營區一一找出標在地圖上？」

　　當時還未想到，「**解放軍基地及設施地圖**」這個詞語會在不久的將來，演變為生活中最重要的關鍵字之一。

　　就這樣，我一個點接一個點地查找，加之比對無數公開資訊，一邊在地圖上來回移動放大縮小。當然，台灣民間先前並無對解放軍的系統性公開情報研究，這不免使我懷疑、揣想此研究方式的可行性，但仍基於興趣選擇不就此「鳴金收兵」。於是迄今為止近四年的時間裡，我每日在央視畫面的參照物中揀選、在部隊代號與番號地址間翻弄、在時間的賽道上與近視度數賽跑⋯⋯。

　　慢慢地，畫面上的地理資訊，不再只是散落的番號、代號和符號，而是開始彼此呼應，構築起有邏輯的網絡，

成了一張能夠「說話」的圖像，並使我腦中的許多記憶與知識自動串聯起來，並與之對話。有如豁然開朗，原來過去那些「默默吸收」的知識，包括從小喜歡以圖像思考、熱愛地圖與軍事地理，以及受到的音樂訓練等，早就已經悄悄在我的腦海裡標好圖示，在這一刻連結成知識地圖。

那天晚上，我確確實實感受到了一種從內部凝聚起來的感受。一種不是為了應付誰，亦非為了應付升學考試，而是源自於自己對世界長年累積的觀察與熱情，形成一種獨特的視角。

我並非刻意尋求，它也未曾主動現身。但就在那夜，這些「隱性知識」開始變得有形，勾勒出一個明確的方向，和軍事研究者之於台灣當前局勢的責任。

2

聖經故事：
從小養成的圖像語言訓練

　　影像分析和公開情報之所以吸引人的原因在於：其多以圖像為主，我想大家都會同意，人類出生後是會先看圖才會看字。在面臨真相不明、迷霧重重的事件時，不少坊間評論家們總是先吐為快，但在真相尚不明朗時，其目的常常會因此變為尋找流量進而埋葬真相。

　　此時若有圖像比對作為佐證，就會變得非常有力，並將群眾快速的拉近事實。因影像不同於文字，後者往往會隨個人價值觀與立場而有不同解讀，影像在大部分情況下則會比文字更接近真相。

　　我是一個對圖像充滿好奇的人。

這份好奇心可以追溯到小時候。

我是第三代基督徒，自小就頻繁在教會進進出出，小學每天出門前都要背個兩到三節聖經、每周日都去上兒童主日學，算是童年生活兩個關於信仰的主要記憶。每逢周日，主日學老師都會和我們這些兒童講述聖經故事，我印象深刻：她們總會準備很大的珍珠板大圖卡（畢竟兒童還不識字），上面畫著生動的聖經故事。

此種「邊看邊聽」的學習方式，對我來說比文字有效許多。上學時，也有老師使用圖像教學來幫助我們理解課文；但如果要說最深刻的圖像記憶來源，還是與聖經故事有關。

雖現在我多是讀恢復本聖經，但台灣大部分教會採用的都是和合本聖經，我在兒時背聖經也是背和合本的經文。和合本聖經有個很有意思的地方，就是翻到最後面有舊約與新約時期的地圖，小時候聚會只要坐不住，就會拿起父母的聖經一口氣翻到最後面。和合本聖經最後的地圖約略有十幾張，包含：舊約時代的耶路撒冷、新約時代的巴勒斯坦、保羅的行程以及新約時代的耶路撒冷等。那時覺得這是整本聖經中最吸引人的部分之一。

在內容方面，聖經中各卷書和章節的安排本身也與圖像很有關係。如果有個完全沒看過聖經的人，基督徒幾乎都會建議他先看新約，否則會顯得太過生澀和抽象。因為舊約有的只是一些如同抽象圖畫般的豫表（舊約中神對人事物的預示，會在新約中實現），而新約描述的，乃是舊約豫表的全部應驗。

因此整本聖經新舊兩約，若要認識舊約，就必須來看新約的解釋；因為在舊約裡我們只能看見圖畫。另一面，我們若要認識新約，就必須花時間去看舊約的那些圖畫。

約瑟這個名字也與此有關，聖經中一共有六位約瑟，其中最知名的就是創世紀中被賣到埃及的約瑟。他在舊約中乃是作為新約裡基督的豫表。在舊約裡，你很難再找到第二個像他這樣完美的人物。這樣的體會即來自舊約圖畫與新約的對照。

回頭想，這些實在是很好的啟蒙，許多教會裡的孩子就是在這樣的環境下，在識字前就培養了對畫面的敏銳度。

但在對聖經的圖像有認識後,接下來大學時期要學的就是「如何把故事完整詮釋出來」。

大學時我住在教會的學生中心,周日聚會時大家都要輪流上台分享三到五分鐘的心得。這不同於一人講眾人聽,而是每人皆要擺上自己的那一份,講述當周讀經的領受。這件事被稱為「申言」。

這些「申言稿」不像學校作文那樣給出固定的格式,而是有賴聖徒自行從聖經中引用經節、串聯故事、提煉重點,最後講出既符合聖經也有自身體會的內容。這其實與小時候在教會看珍珠板圖是互為表裡的訓練:小時候是「吸收故事」,長大後是「表達故事」。且因為從小已接觸過大量相關圖像與地圖,這些任務對我來說並不會太過吃力,此為我人生中最早開始建立的「隱性知識」。

不只是對信仰的理解,生活中的各種面向,例如地圖、新聞稿、照片、編號、地理資訊——這些看似無關的東西,全都能運用圖像邏輯自然而然地找到彼此的連結,成為一張有意義的網絡。當然這也使得我較難只靠文字記住它們,但只要有畫面,就很容易留下深刻印象。

3
升學至上且高壓的國中生活

一切的開始,都要從台灣北海岸的金瓜石說起。

國中時期的我,並不是什麼很會念書的乖學生,反倒有點叛逆。國一的上學期在南山中學度過,下學期則轉入以嚴格與升學主義著稱的時雨中學。

那是一處對我來說極其壓抑的環境:一個年級近六百位學生,超過百分之九十都是住校。所有人的手機一律自周日返校保管,周五放假返鄉才歸還;男同學必須一律理平頭(現在回頭看那段理三分頭的歲月,簡直慘不忍睹);鞋子只能穿純白,不能有任何裝飾。若要帶課外讀物進校,得經過老師的簽核——因為他們要確保你看的東西是「有益學習」的,而不是漫畫、小說等「看起來與升

學無關且會浪費時間」的物品。

　　時雨的一天，從六點半第一個鐘響時起床開始，必須在十五分鐘內完成盥洗，因著十六人睡一間房間的緣故，早上起床是整個宿舍彷彿震動似的，集合著大家匆忙下床與搶奪洗手台的聲響。現在想來，實在很難說當時的同學能有什麼自己課餘的興趣，畢竟身處一個時間完全被安排的環境之中。但慶幸的是，當時的自己還是在那找到了影響往後人生至深的愛好。

　　時間回到轉入時雨的第一天，面對的第一節課是體育，和所有面對陌生同學的國中生一樣，記得那時站在行政大樓一樓大廳的第二根柱子旁等待體育老師前來上課，這時有兩位同學抱著本封面圖片是中共2009年建政六十周年閱兵、第303期的《全球防衛雜誌》，笑嘻嘻跑到我前面，其中一位馮同學劈頭就問「同學，你喜歡軍事嗎？」後經同學詳細介紹，才知道這兩位馮同學與沈同學是班上赫赫有名的「軍事二人組」。就這樣，我們一拍即合，這個怪人組合從二人組變成了三人組。當然，這也和雜誌閱兵的主題有關，那是我第一次認真看到解放軍的武器裝備（過往都是聽父親口述），那時候只單純覺得：解放軍車輛的迷彩還挺好看，很像玩具車。

也因著這樣的興趣，加上有了同伴，每日早上的盥洗結束後，大部分的同學都會到教室用早餐，但自己那時候的習慣則是幫兩位同伴搶奪報紙：每個班級都有訂報，女同學都會特別看影視版，我則是最愛國際新聞版，尤其是與軍事和中共相關的新聞，因此每天從宿舍出來第一件事就是去搶報紙，把關於國際新聞、政治、軍事相關報導版面抽走，為的就是下課聊天的談資，在那些艱難的日子裡，這可謂是少數的娛樂之一。我們同時也每個月存個幾百元輪流購買軍事雜誌，就這樣分著看，討論著世界最新科技的戰機、航母；哪個國家又在研發什麼新式武器，那時恰好正逢解放軍海軍購入了第一艘航艦（CV-16）。

　　有一件現在回想起來挺有趣的事情，當時我們甚至自創了一個心目中理想的虛擬國家，叫嘉和民主共和國，它的位置就在菲律賓海上，大約五個台灣大。這個國家在國二時期幾乎是我們三位話題的重心，時常討論該如何設計它的政治體制以及國防政策、外交路線要親中還是親美，有沒有辦法「等距」（我很驚訝那時候討論到外交相關話題就使用了這個詞彙，似乎是父親告訴我的。）甚至還為它設計了國旗、國徽和海軍艦艇。高中的我回想這段歷史不時覺得幼稚，但現在細細想來，以國中生來說，這樣的想法某種程度上還挺「先進」，至少我覺得它很酷。

現在的台灣民間隨著中共對台軍事施壓，也流行討論「兵棋推演」，這個東西在我國中的時候其實較少被台灣社會討論到。但就是在那個時候，「軍事三人組」便早已遂行類似兵棋推演的遊戲。我們運用假日回家的時候，把維基百科上北約軍事符號的表格印下來帶去學校，運用無數節下課時間在教室，或是好幾次趁月黑風高之時和同樣住校的沈同學在到廁所在自製的地圖上玩起兵推，以避開舍監的監管。

　　那時候，我們時常一人執藍筆扮演藍軍，一人執紅筆扮演紅軍，在紙上地圖畫著不同的北約軍事符號，並由另一人擔任裁判。一直到了大學的時候我才知道，原來當初在國中所做的事情其實就是兵棋推演的一種。

　　當然，身為一位奇怪的國中生，「先進」並怪異的同時，也有幾分反骨。

　　雖然寫下這段略感猶豫，但我仍覺得有說出的必要。國中的我雖在軍事上討論解放軍，但在立場上對於中共並無反感，反倒是有不少好感：認為中共體制和大家看起來都不一樣，感覺非常的特別，什麼中央政治局、四套班子、一個市的頭子居然不是市長而是市委書記⋯⋯那時也

特別學習簡體字,以致常常被國文老師責罵,問我為何聯絡簿周記要一直寫簡體字,那時候我的回覆是,中國在進步,我認為學會看簡體字對我有好處。這樣的言論於當時的國中生而言確實特別,畢竟當時不同於現在有抖音與小紅書,也還記得,當歷史課老師教到1949年以後的中國歷史時,我的心中都會一陣悸動。

使我改變想法的主要有2014年的兩個事件:2014年初的太陽花學運與年末香港的「占領中環」運動(雨傘運動)。2014年3月18日一早,馮同學拿著《自由時報》衝進教室對我喊:「約瑟!學生衝進立法院了!」與大多數同學對時政的漠不關心形成鮮明對比。香港占中運動更是如此,雖無親身參與,但此兩場社會運動對我這代年輕學子影響很深,使我們開始反思自己所處的這塊土地與對岸的關係。

時間上說來也特別,當時正逢中共當局習近平上任的改朝換代,對香港的做法與過往的胡錦濤有很大不同。對當時從未想過香港會面臨此情況的我來說頗為震驚,於是我開始重新檢視自己對於中國的好感與想法。

令我產生好感的原因,一面是想顯得不同,另一面

為看見中國在改革發展下的經濟成長。相比之下，台灣卻愈來愈多對物價上漲的抱怨（事實也確實如此，令我印象最深刻的就是水餃價格，在我小學時一顆4.5元，國中時5元，現在則是6到6.5元。）乍看之下，我們說著同樣的語言，文化也極其相近，為何不統一？

太陽花和香港占中事件很好地回答了我的好感與對兩岸問題的疑問。即歸根究柢來說，兩岸統獨意識形態之爭的一個終極問題是：我們願意生活在什麼樣的制度與環境？

我在國中時去過英國一段時間，在那次旅程中，我在牛津大學第一次接觸到來自中國大陸的留學生，同時他也是中國共產黨黨員。那是一次難得的機會，也是我首次與中國朋友談到兩岸問題。在談及制度問題時，他告訴我：中國並非西方式民主，而是中國式民主，即一種獨立於全球絕大部分民主之外、以社會秩序為導向的民主。

我一時竟不知如何反駁，但從現實面而論：中國的網路使用者今日依然被禁錮在防火牆內、制度上為議會制國家，但實行上卻是有共識才開會。民眾在觸碰社會議題亦需自我審查以避免因言獲罪；且中國自改革開放以來，始終是西方經濟制度的好學生，以社會主義國家自居卻努力

學習資本主義經濟、憲法第一條寫著工人階級領導,廣大農民工卻依然996(早上九點上班,晚上九點下班,每周工作六天)⋯⋯如此種種,都會令人對其口中的「中國式民主」感到懷疑。

回頭看今日的台灣社會,我在國中時期的迷思與懷疑,也是當今許多對台灣民主保持懷疑態度的台灣人的疑問。身在民主社會的人們,很容易只看見中共體制效率高、基礎建設效率高、辦事迅速、認為台灣的民主在衰落、統一沒有什麼不好等⋯⋯不可否認民主政治存在若干問題,但細看與中國的不同之處:獨立的司法制度、國會有基層民意的聲音,顯然都不是問題的根源;而真正令人警惕的是:掌握並持有法律解釋權的中共政權,可以在不同時期,依照其政治需求,對既有制度做出不同的解釋。

然而對於一名學生,生活的重心與壓力仍是繫於成績。

2025年初的時候回了母校一趟發現,學生餐廳門口依然保留當年的標語:

國高中享受六年,將來辛苦六十年
國高中辛苦六年,將來享受六十年

當年每天前往餐廳吃飯都會看見這段話，實在是看過了無數次，但從來沒有一次真的相信它。難道人生的價值真就是靠這六年的考試來決定的？如果這幾年沒開竅，難道這輩子就沒救了嗎？

　　時雨有一個慣例，就是每一周的每一個小考與每一次默寫的成績都會被登記下來。禮拜五放學前的最後一節課，班導會把整周的成績加總、排名，貼在我們的聯絡簿上。你必須把那一張寫著你在全班排名第幾的紙，帶回家給爸媽簽名。

　　這真是令當年的我最痛苦的事之一：我的成績一直不算突出，甚至可以說是排在中後段。而我最喜歡的、成績也相對不錯的兩個科目，是國文和社會。倒不是因為我真的喜歡背誦歷史年代或古文，而是因為這兩科的老師對我很好，很有耐心，會花費他自己的休息時間，讓你帶著考卷去辦公室，務求把你教到融會貫通為止。

　　但這樣的老師在成績至上的環境裡，仍然是少數（至少我所經歷的是）。大多數老師對學生的態度，往往也取決於你考得好不好。顯而易見地，不少老師較多關心前段學生，那樣的目光，會讓人不禁開始懷疑自己的價值，懷

疑自己是否就是「被放棄的那群人」。

　　由於課外讀物被嚴格限制,上課唯一能做的就是從課本中找樂趣,國高中社會課本封面一翻開,總會有一張可以攤開的世界地圖(現今仍是如此),每個學期的開始,我一拿到新社會課本的第一件事就是把那張地圖撕起來放在桌墊下,每天的人物就是背它,背每個國家的位置在哪,算是為數不多可以和同學炫耀的技能之一,就是請同學在地圖上隨便指一個地方,我就可以告訴他那是哪個國家(西非和加勒比海是最難背的,如果大家想挑戰最難的地區,可以從這裡著手)。

　　除了國家位置外,也常在河流山脈的走向、城市的分布,在紙上世界裡神遊,瘋狂追求能把地圖背出來的境界。有時也喜歡看著課本上的地理人文照片,猜想它們的拍攝地點。那時便覺察,若能從一張照片推敲出拍攝地,是件極富魅力的事。人類的發育也是先學會看圖再學會看字,因圖像較直觀,亦不像文字容易因立場不同而產生不同解讀,終至引發爭議與論辯。故文字會因人而有不同的解釋和見解,但圖像不會。

　　因為它清楚地展示出「就在什麼地方就是什麼地方」

它的解答單一且獨特，不會有第二個。

就是在那時，對軍事的愛好在高壓的環境下悄悄萌芽，許多先備知識就此建立。也或許因身處這樣的體制，我才格外需要找到一些讓自己得以喘息伸展的角落。地圖、軍事、政治，這些興趣就像是藏在內心的一條地下通道，在所有人都朝著升學那條筆直的公路奔跑時，我悄悄地轉了一個彎，開始看見別的風景。

那條風景，雖無人引導，也無人給予評價，但它讓我第一次知道，原來有些學習是不為了考試。也正是這樣的學習，在未來某一天，產生了一條特別的路。

回頭看，國中三年雖是不愉快的歲月，但我的世界觀與價值觀卻也是在那時成形，亦是我對抗「標準答案」的開始。尤其是以圖像語言來看世界的方式，這是一條在不適合自己的系統裡，找到讓自己繼續走下去的途徑。

4
放棄傳統升學道路，轉投音樂專業

不同於大部分音樂科班同學，我與音樂的淵源較晚，從高中就讀音樂班才起始。

但此段時期並非從國中畢業後就開啟，我讀的國中是有高中部的，同校的國中畢業生可以直升，於是，我也像個普通的台灣學生，坐進了高一普通班的教室中。雖國中三年使我對升學主義反感，但或許是當時的我還沒準備好離開那條被規畫好的路，也或許是害怕跟同年齡的人不一樣。於是，就像被拋入湍急的河流之中，任命運的水流想帶我去哪，我就去哪。

那時我想，也許到了高中會不一樣吧？

然而，高一的生活和國中幾乎沒有差別，一樣密集的考試、標準答案、排名。或許這樣的方式適合某些人，但我很清楚這並不適合自己，我仍是讀得不開心，也沒有方向，於是那時便做了一個事後來看，對我人生有重大影響的決定——進入音樂班並重讀高一。

有這樣的決定，一方面當然是因著對音樂有興趣，但更大的原因是國中的我對課業並不怎麼上心。密集的學習並沒有給我帶來多少快樂，反倒是運用更多的時間投入在自己感興趣的事物上，例如和「軍事二人組」討論軍事、偶爾去學校五樓的鋼琴教室摸一下鋼琴等。而高中的第一年可謂延續了這樣的不快樂，我很清楚自己不想再這樣下去，於是便試著換一條路走走看，鼓起勇氣讓高中重新來過。

但對於一位國中才開始認真學鋼琴的孩子來說，這條路肯定也不會太舒適。

在音樂班的日子，我選擇了主修作曲，副修鋼琴。除了這兩門主修課程，還要學習俗稱「三小科」的音樂基本功——樂理、聽寫和視唱。這三門課如同音樂語言的入門基礎，不論你將來想成為演奏家、作曲家或音樂教育者，都必須從這裡開始。

還記得開學的第一日,因為我是大I人,所以也不太主動認識同學,反倒是很早到並坐在位子上,默默觀察來教室的每一位同學。

當大家面面相覷,氣氛尷尬到臨界點時,有幾位男同學開始搭訕彼此,並且坐到教室的鋼琴前,用節拍器110的速度開始秀起音階,雖沒有參與,但一聽見就使人焦慮,因為自己當時的鋼琴程度並不好,屬於半調子出家學音樂,根本沒辦法彈這麼快。頓時不禁問自己,來到音樂班是否只是一種逃避?是否自己學科不好?但其實音樂也不行?

到了自我介紹環節,我心想完了。因為認為自己肯定是班上年紀最大的人,按照正常算法,我是大同學一屆的「學長」,所以難免會在心裡定義自己似乎開始即落後。但沒想到,我的音樂班同學裡,還有一位「大學長」,他已經二十歲了,早就念完一次高職,再回來念音樂班,只因為他真的喜歡音樂。在自我介紹的順序中,我是17號,他是16號,當他站上講台說出自己的年紀時,著實是鼓舞了我,讓我放下思想包袱,也頓時覺得自己因為年紀的自我懷疑根本不算什麼。他讓我明白,喜歡一件事,不用在意你幾歲開始,也不用怕自己走得比別人慢。

我是國中末期才開始練鋼琴，由於起步晚，身旁很多同學都是一路音樂班上來，所以自己也花了非常多時間練習，希望能彌補這些差距。

關於高中鋼琴課的細節，其實大部分已經忘記，但我實在是深受學校的鋼琴老師幫助，他很有耐心地從基礎教起。而讓我受用至今的是老師在入門的課程時說的一句話：「你能彈多慢，就能彈多快。」這話的意思是，練琴的人，一開始都會想要彈得很快，因為很帥嘛看起來很華麗；但是想要彈得好，最重要的其實是你要有耐心。

這句話至今想來，仍言猶在耳，如千里之行始於足下。雖此道理很常聽到，但直到練琴時，才真的第一次切身體會。

當然，高中難免也有叛逆的時候。

晚上的琴點時間，有時都會利用巡堂老師沒有巡堂的間隙，跟同學借幾本《流行豆芽譜》在琴房自彈自唱。說實話，流行歌也時常讓高中的我感到矛盾，因為老師們還是會要求大家練好古典音樂（當然必要，因那是基礎。）但流行樂卻也使音樂學子著迷。

不知大家如何看待流行樂與古典樂這件事情，但自己主修作曲幾年的心得是，當代作曲家所寫出的樂曲，其實之於大眾仍然遙遠，有時科班中部分老師會要學生不可兼得兩者。不過換種角度來想：流行樂雖相對難登「大雅之堂」，但卻是一種能與社會大眾對話的語言，這和我現今實行公開情報中的地理定位也有相似之處。一如人類成長的過程是先會看圖才會看字，圖畫與流行樂一樣，都是更適合讓普通人產生興趣的媒介。

來說說那些音樂教會我的事。

樂譜在音樂人的世界裡，就像是另一種語言，一種既可視又可聽的文字。主修作曲主修的我，經常要分析各個時期的樂譜，而我也樂在其中。經驗豐富的音樂工作者往往只需看一眼譜子，就能大致判斷出這是哪一個時期、甚至哪一位作曲家的作品——這是因為不同時代的音樂作品在譜面上的「音型」形狀各有不同。

例如，在古典時期的作品中，常見「阿爾貝提低音」音型，此種音型有著明顯的規律，看見大量的阿爾貝提低

音,往往可以推測這可能是莫扎特的作品。譜不僅是音樂的記錄,也是圖像的一部分。就像王羲之和顏真卿的書法各有其獨特的運筆與線條。

分析樂譜訓練出來的細心和對細節的敏感,也是我腦中的隱性知識之一,高中的自己雖對軍事的關注僅限於看看新聞,但音樂科班的訓練對往後完成「解放軍地圖」有很大幫助。當我們從空中俯瞰,照片中的每個元素都需要在腦中翻譯成具體的地理資訊。例如:一張照片中遠處可能有一個長體,中間有樹,後面還有小山,這些細節需要逐一拼湊,還原出真實的地形。這就是譜與圖像閱讀訓練給我的幫助:教會我如何從細節出發,構建完整的畫面。

當然,樂譜皆經過整理和處理,具有條理性,有著許多線索,例如譜上的升降記號、音符的符值、強弱,清楚標示出資訊;這些都是純圖像所缺乏的,純圖像可能只是模糊的照片,需要自己去發掘其意義。例如,一張照片中的招牌可能只有一半,還有霧霾,需要我們自己辨識。或者,一個海灘的照片從邊緣拍攝,只有隱約的樹木和建築。

所以,看圖時需要翻譯,把它轉換成不同的角度來理

解，我會在本書的第二部分一步步告訴你如何操作。

雖音樂看重天賦，但也需要持之以恆的練習，它並非全像白紙黑字一樣明確，有許多如迷霧無法捉摸的事情，但只要付出時間就能夠有所收穫。練習久了，技巧的提升也會逐漸顯現，這種直觀的回報讓我對音樂的熱愛愈加深厚，學習也更為勤快，形成一種良性循環。

5
大學生活與建立資料庫的契機

　　我的大學生活說來平庸,但四年間也可說是大起大落。

　　大學念的是音樂系,也是「順勢而為」,因高中讀的是音樂班,學音樂也很快樂,大學也就自然地繼續往這條路走,還很怕無學校可念,畢竟那年的考生適逢龍年出生,報考人數特別多,競爭激烈。

　　但一進入大學,我整個人就像是鬆了很大一口氣,開始報復性玩樂。高中三年住校、練琴、考試、壓力,全都是規律又緊湊的節奏。所以,大一那年我整天跟朋友跑來跑去,唱KTV、跑別的學校找高中同學玩、翹課,幾乎把所有時間都花在享樂上,好像在補償那些被

壓抑的青春歲月。如同許多在傳統家庭成長的孩子，長期被灌輸「高中好好努力，大學隨便你玩。」觀念，剛升大學的我便覺得終於自由，可以去嘗試、去玩好多以前沒經驗過的事物。

當然，代價很快就來了。大一下學期，我成績不盡理想。家人得知後，決定讓我搬入教會學生中心，希望透過團體生活與教會的規範，讓我能夠重新找回生活的規律。我其實也被這麼爛的成績嚇到了，所以從大二開始，我幾乎不翹課，狂修學分，總算是找到學習與生活的平衡點。

雖然如此，我其實始終處在一種「不知道自己要幹嘛」的狀態。雖然透過努力練習，高中畢業時，我的副修鋼琴成績已是全班最高；但上了大學才發現人外有人，我發現自己無論多努力，身邊總有比自己領悟力更佳且更有才華的同輩。

我不再那麼確定自己是否要繼續走音樂這條路，此迷惘一直在心裡盤旋，我好想趕快畢業，然後再看看未來要怎麼走。畢業音樂會也是許多音樂系學生的「人生巔峰」，之後所面臨的，便是艱難的找工作之路；然而，輪

到我畢業時，我連這一次的「巔峰時刻」都沒能擁有，因為遇上了新冠疫情。

回到 2021 年 6 月 14 日，那天正等待畢業且半夜睡不著覺，無聊在網上四處瀏覽。當時也許只是突然想到要做些什麼，就像你原本打算晚上漫無目的在街邊散步，但走出去時，目光忽然被一家店面吸引。這種一時興起的想法很常見，可能前一個小時完全沒有想到，結果一買就買了很多回來。

生活中很多事都是這樣，意外的契機推動我們做出一些新的發現或判斷，而這正是圖像解讀或資訊解譯過程中的有趣之處。

現在回想，或許是因為我曾經的幾次出國經驗。出國時，我養成了一個習慣：把自己去過的、有意思的地方標記下來，比如住過的不錯的飯店，或是像這樣的特殊地點。Google 地圖的功能讓我可以標記喜歡的、想留念的地點，我覺得這樣很方便。

先前去過歐洲，也去過非洲。在我出國的經歷裡，有一次是去肯亞參加醫療志工活動，地點是在貧民窟裡的一間小學。那時正值升大學的暑假。這次的經歷對我來說非常特別。回到台灣後，我一直想找到那間小學的確切位置。

　　這間小學是由一位台灣的傳教士創辦，位於肯亞的貧民區裡。我當時拍了幾張照片，當時我們在那幫忙看診，從旁協助。雖然只停留了一個多禮拜，但這次的經歷讓我印象深刻。

　　那裡的貧窮程度遠超我的想像。肯亞的貧富差距非常大，尤其在貧民窟裡，生活條件極其艱難。記得第一天，我去到那間小學，覺得環境非常髒亂，就開始掃垃圾。當地的人告訴我不用掃，因為那裡根本沒有處理垃圾的地方。

　　我們也不敢吃當地的食物，只能從比較市區的飯店訂外匯送來。那裡沒有乾淨的水源，只能抽地下水。我看到一個孩子，舀了我們洗碗的水來喝。那些水是放在一個大塑膠桶裡的，原本是準備用來沖茅坑的。那一幕讓我震撼不已。

此外，當地女性連生理用品都甚為缺乏，只能以布代之。我們教她們製作可以重複使用的布衛生棉，但對她們來說，這依然是一件困難的事情，因為水資源極其缺乏。沒有乾淨的水，要保持衛生實為困難。

所以為何如此想找到那間小學呢？因那次經驗對我原本的世界觀造成很大衝擊。我希望可以隨時在地圖上看到那個地點，每次打開地圖，想到自己曾經的經歷，彷彿這些記憶又鮮活起來。

當時找到該小學的地理定位比對（現地拍攝、Google Earth）

尤其Google My Maps 具有社群互動的功能。別人可以搜尋並分享製作者的地圖，看到名稱和註解。這就像是地圖版的 Google 文件一樣，你可以設定權限，也可以添加多種標示。

那天晚上我看著電腦上的地圖，突然想到，兩岸有不少人整理國軍的地圖，但解放軍地圖還沒有人做；而且中國的軍迷雖然早有人製作台灣國軍地圖，但基於解放軍對保密的高度要求，他們是不能製作解放軍地圖的。我覺得這是一個有意思的挑戰，於是開始自己著手整理。

我首先標記了一些基本的機場。至於前三個標記的地點，我記得其中一個是汕頭機場，另外兩個已忘記，但都屬於最基本的機場類別。當時不過是隨興地標記，並無具體計劃，一年過去，大約標了800多個地點；時至今日，標記已經超過了7000處。

接下來，我將與你分享，我是如何一步步從有限的線索中，破譯資訊，進而得出實用的結論。

Part 2
如何破解解放軍資訊

從新手到圖資玩家,公開情報蒐集(OSINT)的技能解鎖之旅

1
歡迎來到地理定位的世界：
我們身處公開情報（OSINT）的時代

　　當代社群媒體，時常可見某明星被拍到或自行公布了某張影像。而後很快就會有網友整理出其穿著、配戴服飾的品牌與價格；或是從其曬出的食物照，找出用餐地點在哪一間餐廳，甚至有人從影像中的參照物判斷出該員可能身處何方。

　　無論是上述網民的行為或是本人花費數年製作的「解放軍基地與設施地圖」，都可歸類至OSINT（Open Source Intelligence），即「公開來源情報」之範疇。「公開來源情報」目前在學術上並無統一的定義與共識。可以說，但凡從公開可取得的資訊來源，系統性地收集、整理與分析資料，進而轉化為有用的數據、知識，來幫助針對某個領域的調查與研究的舉動，都可稱為「公開來源情報」。

不同於大眾在傳統上對「情報」二字的想像，「公開來源情報」的資訊來源與駭客入侵等非法手段無關，乃是從日常可見、合法公開並免費的內容著手，如新聞媒體、社群媒體貼文、公部門網站公告、企業年報、學術論文、線上論壇討論串、地圖與衛星影像……等等。這些公開的資訊流如同散落在各處的拼圖，玩家需善用工具與自身的推理能力，從海量的零碎線索拼湊出完整且有用的資料。

OSINT的應用與發展並不限於軍事，而是多種多樣。上述提到粉絲對公眾人物穿搭品牌的挖掘是一例，台灣網路生態常提到的「肉搜」也是一例。它的應用是如此地廣闊且無邊際，所以也無人能真正的被稱為百分之百的公開情報專家。隨著領域的改變，公開情報的研究方式也會有所不同：如同我熟知解放軍編制與各單位的番號、代號、榮譽稱號，但這並不意味著我有資質成為一位熟悉名表、時裝與化妝品行情的人；也就是說，溫約瑟雖是一位解放軍的公開情報研究者，但未必有辦法成為一位分析各路明星穿搭愛好的公開情報研究者。

雖無緣與廣大追星族與影視版記者一樣，成為分析明星愛好的專家，但我仍有幸在「公開來源情報」這畝田中有塊名為「解放軍公開情報」的一寸土。這也是本章節主

題與本書要回答的問題：「如何使用公開來源情報研究解放軍？」

說到此，我們已經將討論的話題自「公開來源情報」限縮至其在解放軍研究上的應用。但這樣的開場還遠遠不夠，雖說解放軍研究為小眾的「一寸土」，但它仍舊是一塊不小的餅。以學界而言，解放軍研究最常見的研究材料就是中國官媒文稿與官方刊物，此為靜態分析，如我每逢聽見學者張五岳教授講述中共官媒文稿，心中都會不由自主地發出讚嘆。不過相比於此，本人更擅長的是使用中國官媒影像分析，即地理定位巨量的中國官媒影像報導拍攝位置，且從中尋找、歸納出實用的資訊。本章節也會舉出許多實例和經驗，以告訴讀者該如何著手。

首先，我們先整理出研究解放軍所需的資訊來源媒介，主要有以下若干：

搜尋引擎：這是普羅大眾每日都會使用的工具，亦為最簡單粗暴的查找媒介，但在使用上可依研究對象的不同而善用不同的搜尋引擎。如我若要查找解放軍的中國國內相關報導，百度肯定勝於Google，微信亦勝於百度。搜尋引擎同時也是研究無方向時「撒網」捕捉資訊之處。

而透過時間的累積，亦可以培養使用搜尋引擎時對於關鍵字的敏感度。如您今日的查找對象是某省武警總隊訓練基地所在地，剛開始的習慣可能為直接在搜尋引擎鍵入「××（地名）武警總隊 訓練基地」，但經時間的累積，您會從搜尋到的報導中了解到鍵入「××（地名）武警總隊 教導隊」會是更好的選擇。因「訓練基地」只能算為通俗名稱，而因其訓練性質，故在招標文件上較常顯示的會是正式編制名稱「教導隊」。同時您也會了解到「基地」一詞在解放軍編制中基本上是指軍級單位，主官為少將；但地方總隊的「訓練基地」不可能層級如此高，因「總隊」一詞在解放軍編制中為師級單位，主官為大校，所以鍵入「教導隊」會是更正式且更能查到有用資訊的詞彙，而用「訓練基地」稱之只能算中國民眾對軍營形象所衍生的通俗詞彙，屬於非正式稱呼。

　　此即使用搜尋引擎並檢視巨量搜尋結果後產生的「隱性知識」，但解放軍研究仰賴軍事先備知識，讀者若要查找可能會不知從何下手，我的建議是可以從搜尋自己的名字開始，可以順便檢視自己曾在網路上留下的足跡。若是第一次搜尋，很可能會有意想不到的發現，其實這與搜尋解放軍單位的作法是差不多的，只是研究對象有所不同。

社群媒體：可分「牆內」與「牆外」兩面，前者主要有新浪微博、微信公眾號、知乎、抖音、百度貼吧；後者主要有X（前Twitter）與Threads。以研究解放軍而言，有牆內社群媒體其實就已足夠，X與Threads雖中國網民相對其他牆外平台多，但其終究是翻牆的「客人」，在對境外社群缺乏歸屬感與近年中國國內輿論管控收緊的狀況下，大部分中國網民在外網行事往往會顯得格外謹慎，進而鮮少透露出實用的資訊。

文件與刊物：與社群同樣可分「牆內」與「牆外」兩面，即中國國內與中國境外解放軍相關文件與刊物。
- **中國國內一面**：中國各軍校發行刊物為數眾多，如《系統仿真學報》等，但若研究者以分析影像為主，則此類刊物參考性極其有限，至多只能幫助確認文獻作者姓名與其所屬部隊之代號。
- **中國境外一面**：近年歐美國家在解放軍公開情報上之相關文獻愈來愈多，其中不乏使用大量篇幅提及解放軍單位之座標與地址。查找此類文獻可幫助研究者少走彎路，避免重複查找前人已挖掘出的資訊。
- **官媒報導**：官媒報導可分為文字與影像兩面，當前的解放軍研究多是以文字為主。文字一面主要以《人民日報》、《解放軍報》為來源，中國國內關於解放軍的所

有官方文字通稿亦可參考。中國官媒用詞向來高度制式，故文字上可留意用詞變化。而在影像報導一面，央視第七台每日分別於北京時間早晨八點、中午一點與晚間八點三時段發布軍事影像報導，可作為穩定的影像分析來源。解放軍部分基層單位亦會經營微博或微信公眾號，可作為官媒文字與影像報導的次要來源。

開源工具：有了來源與媒介後，還需有好工具。在開源工具方面，常用的免費工具如下：

- **Google My Maps**：建立地圖資料庫的便利工具，其底圖為Google Maps，「解放軍基地與設施地圖」即是使用此工具做成。

- **Google Earth**：為當前免費商用衛星圖中最為實用者，雖為Google所有，但在開發上屬於不同團隊，與Google Maps相比，其可觀看不同時間軸拍攝之影像，而拍攝時間不同，拍攝角度亦會不同，這使研究者在確認參照物（如建築的窗型）和山體形狀上有更多樣本可參照比對。

- **Bing maps**：實用性與前兩者類似，在使用上可互相搭配，尤其是在面臨報導影像與前兩者拍攝時間明顯不一致時，可扮演輔助角色。

- **Apple Maps**：在查找中國地名與街道名稱上較為不便，

但其影像品質為免費商用衛星圖中最佳，適合確認影像比對上有爭議之細節。

- **Copernicus Browser**：可提供一周內拍攝之衛星影像，雖影像品質不佳，但在即時性上無可取代。一般來說多用來確認較龐大或特徵清晰之物件，如確認解放軍航母是否已出港或回港、兩棲訓場是否有兩棲裝甲車輛泛水演訓產生的浪跡等。
- **百度地圖、高德地圖**：中國國內的商用地圖，不具有以座標搜尋之功能，解析度也遠不及境外商用地圖，但在確認偏移街道實際位置與查找中國商家（如畫面中之招牌）時可發揮作用。
- **Flightradar24、ADS-B Exchange**：軍機理論上並不會開啟，故多用於確認民用飛機狀態（包含領導人專機），解放軍無人機與反潛機有時亦會開啟ADS-B，但並不常見。
- **Marine Traffic**：軍艦理論上並不會開啟，故多用於確認民用船隻AIS定位，中國海警有時會開啟AIS，但並不常見。
- **SunCalc**：可從太陽光照射陰影確認拍攝時間，亦可從時間反推某地點於該時間的太陽光照射方位。

要得到好答案的前提是要有好問題

如同所有的研究工作，在有了媒介與工具後，最重要的即為「好的問題」，您也可以更正式的稱之為「問題意識」。

我們在論及解放軍議題時，要盡量避免二分法的判斷與個人立場的干預，這也是網路上最常見的誤區和現象，而這樣的現象往往會阻礙我們對一項事件產生「好問題」，進而無法分辨「想像與現實的界線」。以一事件舉例：

2025年3月13日賴總統在總統府敞廳發表「十七項因應策略」，東部戰區則於4月1日宣布在台島周邊開展聯合演訓，後於4月2日開展「海峽雷霆-2025A」演練。在演練中，央視報導72集團軍火箭砲兵第一旅一營二連在東海一帶模擬對高雄永安LNG接收站實彈射擊，並且還做出了該接收站等比例的靶標。彼時有許多評論者認為，解放軍此舉是基於實戰導向而對攻擊該接收站做準備。

如果以此作結，徒增大眾恐懼的同時，恐也埋沒了真相（雖然政論節目對此事的評論似乎都如此）。若能擱置個人判斷並嘗試提出問題，就會發現現實並非如此。我想在此提供個人經驗，面對解放軍演訓的影像報導畫面，本

人的問題意識一向都會有三道：

　　1.這在哪裡？

　　2.這是哪個單位（番號與代號都要）？

　　3.此演訓規模有多大（旅級、營級、連級）？

　　帶著這三道問題，我將當時的演訓畫面定理定位，並做成圖資：

（左）72集團軍火箭砲兵第一旅一營二連行經浙江台州浦壩港大橋。（央視、Google Earth）
（中）72集團軍火箭砲兵第一旅一營二連於木杓山嘴之陣地實彈射擊。（央視、Google Earth）
（右）位於南漁山島之高雄永安LNG接收站靶標。（央視、Google Earth）

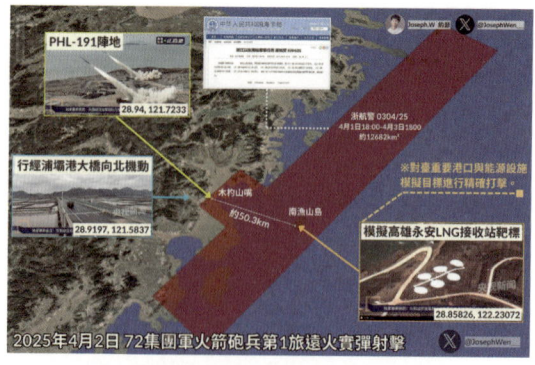

做成綜合圖資以便識讀。（Google Earth、作者自繪）

在圖資中我們可以確認：該旅為移地至浙江東部實彈射擊，並且與靶標距離僅約50.3公里，這與實戰導向嚴重不符。因現實之情況為高雄永安LNG接收站與中國本土最近的直線距離約271公里。故可以此判斷該演訓象徵意義大於實戰意義，而演訓的地點、單位亦非中國官媒報導中會提及的資訊，但透過好的「問題意識」加上官媒畫面作為媒介並輔以開源工具，便可挖掘出此資訊且得出演練的意圖，這就是影像地理定位的威力。

但這一切的開端都始於我們的想法，公開情報研究者必須對付觸碰政治與軍事事件時易先入為主、受立場左右的人性，這樣的思想會使我們無法產生好疑問進而產生好答案，而人類在未知的情形下很容易產生恐懼心理，這也是台灣社會當前「和平浪漫主義」、「感性投降論」和那句「義無反顧投誠解放軍」產生的根源。

影像地理定位需要能說服自己的良心

前文提及，公開來源情報（尤其基於影像的分析）在學術上並無統一共識和定義，在相對傳統的東亞國家更是如此，這實在是個新的領域。因此在研究方式上也無明確規範，而圖像相較於文字，又是大眾較為看得懂的語言，

所以一份好的影像分析，除技術層面，亦有賴研究者的自我約束。

我的好友，一位深耕公開情報領域多年的研究者Ise Midori（@isekaimint on X）曾告訴我他以「100%確認原則」自我約束，也就是進行地理定位時，若無法百分之百說服自己的良心，就不會將該圖視為有定位到正確的拍攝位置，亦不會發布和公開。

我完全明白他如此實行的用意，在過往四年，我幾乎每日地理定位央視第七台軍事報導拍攝位置，發布過上萬張地理定位對照圖，定位花費時間短則數秒鐘，也就是看一眼就知在何處；最長的則有數個月，也有兩年前到現今都還沒找到的案例。而就在這樣循環往復查找地圖與推敲的過程裡，也有多次差點被心性擊敗的時刻，如2024年10月解放軍對台演訓時，央視發布了火箭軍DF-15B進入陣地導彈豎起的報導。

為了尋找該位置，我反覆推敲且檢查了無數條福建浙江的山區公路、比對山體和圖中建築，花費了近五個小時的時間，當時已經是半夜，面對花費時間都無成果的結局實在心有不甘，索性找了一處「看起來有點像」的福建山

區公路，打算直接定義為在此拍攝並發布。此時想起Ise Midori提到的「100%確認原則」——我們做為公開情報研究者，發布的每一張圖像與比對都會有非常多人看見。基於這樣的責任，每一張地理定位皆必須能說服自己的良心，絕不能僅是「我覺得看起來像」爾爾。若讀者覺得這樣的敘述過於模糊，我會建議使用一個指標來界定：定位一張圖至少要能在地圖上找出三個與影像中相符的參照物。

2024年10月解放軍對台演訓時，央視發布火箭軍DF-15B進入陣地導彈豎起的報導，地點至今仍未能被我找到。（央視）

　　雖至今能未找到該影像的拍攝位置，但慶幸自己當時沒有得過且過，流量的誘惑是巨大的，但只要秉持「100%確認原則」，我們的內心就不會為其動搖。

誠摯邀請您加入這場考驗耐心與眼力的衛國遊戲

　　有一地理猜謎遊戲名為GeoGuessr，該遊戲囊括了Google地圖中有街景的任何地方，玩家的任務即猜出題目中的街景位於哪一國家，網路上也有關於該遊戲的多支影片。但若是細細觀察，可發現該遊戲題目中並無中國街景，這是因中國對國土測繪的管制極為嚴格，其法律明定禁止境外機構對其國土測繪，所以若是開啟Google地圖，亦可發現中國的道路都有定位偏移的現象。

　　這也是解放軍公開情報研究的價值之一，尤其在中共當局對政治和言論審查日益嚴格與台海情勢相對緊張的今日。而台灣人身處自由世界的最前線，有著與中國相同的語言和相近的文化，我知道有許多關心國家前途的朋友會認為這些相近的特性為北京當局染指台灣民主提供了許多機會和溫床，但就著公開情報角度而言，兩岸的這些相似處無疑為台灣的研究者提供了便利。自烏俄戰爭與以哈衝突以來，歐美國家的公開情報工作者與組織如雨後春筍般發芽茁壯，相形之下東亞社會則顯得興致缺缺，至今還未出現有組織的團體和大量的「玩家」。是以，我想誠摯邀請台灣的讀者，讓我們共同進行這場遊戲，原因無他，只因我們的「出廠設定」具先天優勢。簡而言之，台灣是片

培養解放軍公情研究的最好田地，我們則是距離答案最近的一群人。

而若要把解放軍公開情報研究類比為某種遊戲，我想沒有比數獨更適合的對象。數獨有一特性為越寫越快，也就是答題的速度會隨著解出的數字愈多而加快。但相比數獨，公情的不同之處為沒有固定框架，因畫面中的資訊比文字具有隨機性，任何不起眼的角落都可能成為判讀的素材和參照物，而發掘這些素材則有賴「玩家」的創意。

在接下來的章節，我將以過往四年實行解放軍公開情報研究的經驗為基礎，並舉出若干案例，試著回放解答每一張影像當下的思路與判斷，希望對各位讀者有所助益。

準備好了嗎？讓我們開始。

接下來，在本書Part2將有不少案例分享，讀者也可以嘗試一起動手找出答案，為避免版面限制，部分圖片可能有不夠清晰之虞，此處放上雲端連結供讀者掃描使用，包含此大章的所有圖檔；而關於解題相關的影音連結，請見本書第251頁。

2

熱身挑戰賽：
你能看得出這是哪裡嗎？

第一關：基礎資訊查找

Q：解放軍預備役部隊時常使用民營或公共設施做為其駐地或辦公地點，如下圖天津預備役高射砲兵師防化營，請問該單位辦公地點之地址為何？
---▶ 使用工具：搜尋引擎

天津預備役高射砲兵師防化營辦公地點。（現地拍攝）

解題思路：

此題極為單純，因答案就寫在照片中，讀者只需觀察圖上的顯性資訊和運用不同的搜尋引擎就可以解答，後者是在搜尋解放軍情報時，需要隨時變通的地方。因不同搜尋引擎演算法不同，故善用不同搜尋引擎是重要的一件事，也是公開情報中最基礎的分析方式。

百度查找結果。（百度網頁）

答案是：天津市河北區鴻順里街道律緯路31號，京津醫院。

第二關：資訊推導

Q：此影像拍攝時間為18:15，請問拍攝日為周幾？
---▶ 使用工具：Google Maps（可不用）、松山機場網站

（現地拍攝）

　　本題目為：此影像拍攝時間為晚間6:15，請問拍攝日期為周幾？

　　題目提供拍攝時間，卻問是在周幾拍攝，這看似是個無厘頭的問題，但其實線索已藏在影像細節裡。

解題思路：

1. **尋找與問題相關之物件**：要得知拍攝日為周幾，首先得檢視影像中各物件之特性。而我們可以從此影像中提取出若干特性——除了客機以外，照片中所有物品都是固定的，即不會隨著時間改變，所以客機與問題內容同樣具有「隨時間來去」的性質，會是一重要線索。並且從圖上可知，該客機為中國國航班機。

該客機為中國國航班機（現地拍攝、作者自繪）

2. **地理定位**：既然已知從客機著手，解題的第二個思路便產生。首先必須定位照片的拍攝位置，以推導該放下機輪的國航客機是「起飛」或是「降落」在「哪個機場」。得知此資訊的目的是為著下一步查找機場資訊。

在地理定位上，相信熟稔台北市景的讀者一眼就能看出地點為台北市，且拍攝地點為圓山大飯店（圖中的牌樓也有顯示）。所以可以得知，該客機準備降落松山機場（因降落松山機場多由跑道西側進場）。

3. **查找對應時間之班機**：因我們已知拍攝時間為18:15，所以可以此為線索，查找松山機場在周一至周日哪一日的約18:15後有中國國航客機落地。此資訊在松山機場網站就可找到，即可發現答案為周四。該航班編號則為自中國重慶起飛的CA469。

圖中之班機為CA469班機。（松山機場網頁）

第三關：定位與時間判讀

Q：此影像拍攝日期為2024年9月15日，試問拍攝時間可能為07:30、10:50、14:55、17:55何者？

---▶ 使用工具：Google Maps、SunCalc

（現地拍攝）

與上題相反,此題告知讀者拍攝日期,並提供了四個時間點予讀者判斷何者最有可能,讀者必須從影像中找到可以判斷時間的線索。

解題思路:

1. **定位拍攝位置**:首先須定位拍攝位置,該影像中可定位之素材非常多,尤其是「合宏眼鏡咖啡館」與「正典牛乳大王」兩家店面的招牌。從Google地圖上查找可得知,該影像拍攝地點位於台灣南投中興新村第三市場。

招牌是判斷位於何處的最好素材(現地拍攝、Google Maps)

2. **尋找可確認時間之元素**:在人類歷史中,太陽在很長一段時間被作為判斷時間的工具,日晷即是一例,其透

過太陽光照射角度與方位來確認時間。而在公開情報研究中，太陽光亦扮演重要角色。在本案例中，圖中太陽光照射路牌而產生的陰影即可作為判讀素材，在此可使用上文介紹過的SunCalc來協助以增加信度。

首先開啟網頁並輸入上一步驟所找到的拍攝定位，而後輸入題目提及的四個時間並一一對照陰影角度，即可得出最有可能之拍攝時間為14:55。

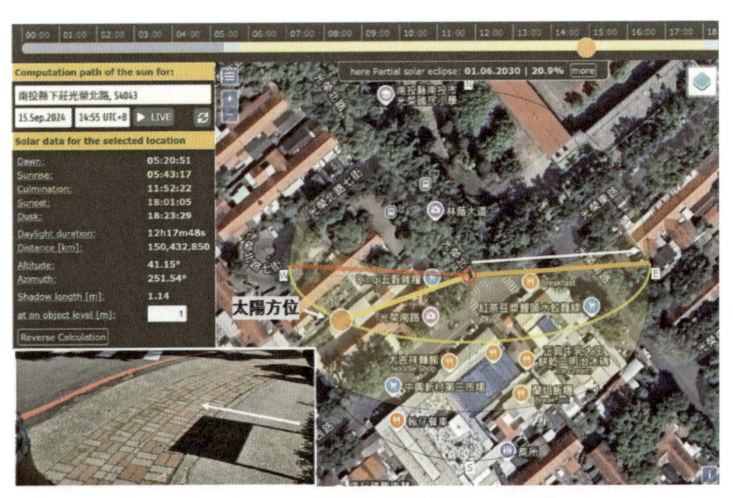

陽光在圖像比對中常作為判斷時間的重要素材（現地拍攝、SunCalc）

第四關：
用已知時間分揀資訊，並用地理定位確認拍攝位置

Q：《公視新聞網》報導，中華民國陸軍祥豐營區彈藥庫於2023年7月24日約15:16發生迫砲爆炸事件

（如圖），從衛星圖可知祥豐營區有五個彈藥庫房。請問，該意外事件發生於哪一庫房？

---▶ 使用工具：Google Earth、SunCalc

　　此題基於媒體報導可知事發時間與事發營區，且從Google衛星圖可知該營區有五個彈藥庫房。故目前已知資訊為時間與地點，讀者需從報導影像中找出與這兩者相關的因素，並判斷事發彈藥庫。

該爆炸意外現場影像（左），且衛星圖可知祥豐營區有五個彈藥庫房（右）。（公視新聞網、Google Earth）

解題思路：

1. **檢查哪一庫房於事發時間的陰影角度與報導影像相符：**

    在報導影像中，唯一能與時間相關之元素為陽光照射方向，故我們首要做的是使用SunCalc來確認事發時（2023年7月24日的15:16）五個彈藥庫房的陽光照射角度。

陽光照射角度為報導影像中唯一可判斷位置的素材。（公視新聞網）

　　首先開啟SunCalc，將時間與地點輸入後便可得到2023年7月24日的15:16時陽光於該營區的照射方向，接著畫出五個彈藥庫的輪廓（這裡要留意一下該營區彈藥庫是由庫房本體與一面防爆牆組成）以防止其他物件（如樹木）的視覺干擾，透過這樣的比對可排除編號二與編號四彈藥庫，因為它們在該時間的陽光照射方向與報導影像中的不符。

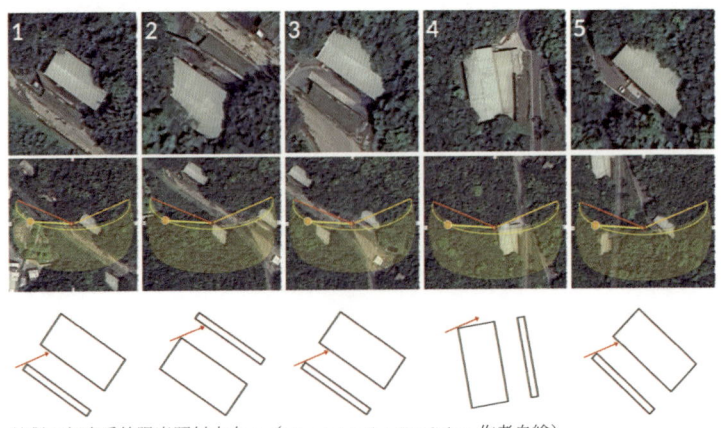

比對五個庫房的陽光照射方向。（Google Earth、SunCalc、作者自繪）

2. **地貌比對與推論**：挑選出編號一、三、五的庫房後,最後一步為比對何者地貌與報導影像相符。從報導影像可發現,自防爆牆旁照射進來的太陽光光線充足,並無出現任何樹影或小型遮擋物。所以這步要比對的是:這三個庫房哪一個西側的環境滿足此條件。比對後可發現只有「編號三」的庫房符合,編號一和五的庫房西側皆有茂密樹木遮擋,所以事發地點為位於25.14, 121.7672的編號三庫房。

比對可發現,只有編號三的庫房滿足西側無樹木遮擋(紅色標示處)的條件。(Google Earth)

3

先備知識（一）：解放軍營區與訓場在衛星圖上的視覺特徵

您是否能辨識出下面兩張衛星圖哪一張才是解放軍軍營？若需要思索片刻，那你需要看完本章節。相信在看完後，你在衛星圖上辨識軍營的技巧會有不小的進步。

請問哪一張衛星圖才是軍營？（Google Earth）

因文化之故，相較於西方國家軍營，亞洲國家軍營的規格與建築樣式較為制式與單一，解放軍軍營在此現象上尤其明顯。先前提及我在建立解放軍地圖經歷過幾個階段，分別為：檢索網路上開源資料並蒐集有提到解放軍相關位置之處（學術論文、網路論壇等）、在地圖上地毯式搜尋、查找軍營，一直到現今的使用官媒畫面定位並確認拍攝位置。

　　在地毯式搜尋的初期階段，因無任何經驗，在查找中國軍營不時出錯，例如把學校、監獄誤認成軍營，或是看到化學工廠的防爆庫房就以為是聯勤保障部隊彈藥庫。約莫半年後，開始歸納出經驗與規律後才慢慢將辨認上的錯誤大幅降低，本小節就是要將解放軍軍營在辨識上的特徵與經驗整理給大家，方便有興趣者往後想入門解放軍公開情報，不會再犯相同的錯誤。

　　首先我想談談軍營與監獄容易搞混的問題，這也是公開情報工作者在剛開始辨識解放軍軍營上會犯的錯誤，因中國軍營與監獄建築樣式非常相似，且同樣有呆版和統一制式的特徵。這裡提供辨別兩者建物的若干參考標準：監獄基本上都會有較為高聳的圍牆，也會有哨塔，而軍營則不會有哨塔；且監獄通常會在入口加蓋一建物確保安全，我姑且稱其為「兩道入口」，軍營則不會有此類建物，而是入口會有警戒線。此外，軍營亦會有許多監獄不會有的

訓練設施，下文會逐一介紹。

解放軍軍營在辨識上之特徵，以72集團軍工兵旅（31605部隊）營區為例。（Google Earth）

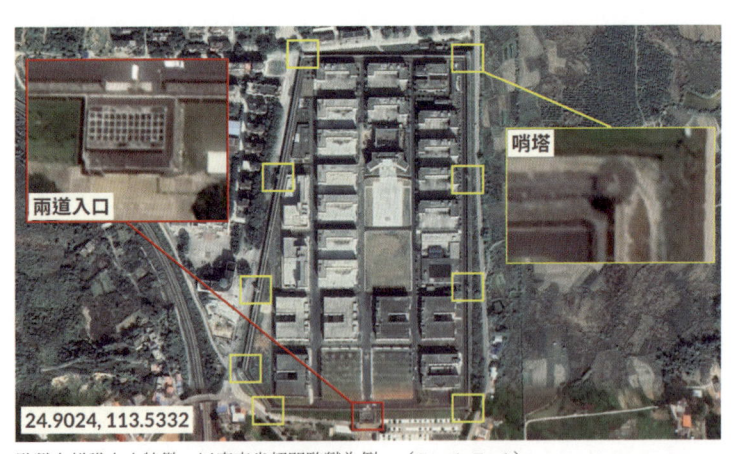

監獄在辨識上之特徵，以廣東省韶關監獄為例。（Google Earth）

1. 標語

因著中共的政治文化，解放軍可說是全世界營區標語最多的軍隊，每棟解放軍軍營行政大樓房頂必定都會有「聽黨指揮 能打勝仗 作風優良」標語。此標語於習近平2013年3月11日在第十二屆全國人民代表大會第一次會議解放軍代表團全體會議時提出，從此成為解放軍最重要且專屬的門面標語，也是辨識一處地點是否為解放軍軍營的最好證明。

解放軍軍營皆會有「聽黨指揮 能打勝仗 作風優良」標語，以西部戰區空軍地導第二旅（94175部隊）機關為例。（Google Earth）

2. 營區入口警戒線

解放軍軍營入口亦會有黃色警戒線標示（國軍多採用拒馬，警戒線不一定會畫），並會清晰寫上「警戒線」三個大字。這也是在衛星圖上檢查一處地點是否為軍營的方式之一。亦可以檢查一處軍營是否為廢棄，一般來說廢棄或閒置的營區，警戒線會有嚴重褪色的狀況。

武警廣東總隊機動支隊軍營的入口警戒線。（現地拍攝、Google Earth）

3. 越障訓練裝置與手榴彈訓練坑

幾乎每個解放軍和武警營區都有越障訓練場，且不論大小皆有。從衛星圖俯視，其形狀通常為一個個點並呈規則條狀排列，數量可能會因著營區大小而有變化，但每個解放軍與武警營區幾乎都會有，是個重要的判斷指標。

解放軍的手榴彈訓練坑一般由兩個ㄅ字構成，並以內八形式排列，前面會有一面牆做為防爆之用。而相較於越障訓練裝置，手榴彈訓練坑則是在較大的營區才會見到，且有手榴彈坑的營區幾乎都會有越障裝置，但仍將此一參考指標提供予讀者。

（左）中部戰區82集團軍重型第六合成旅（66325部隊）營區內的越障訓練裝置。
（Google Earth、央視）
（右）71集團軍重型第一六〇合成旅（71625部隊）營區北側訓場的手榴彈訓練坑。
（Google Earth、央視）

4. 浮橋訓練設施

浮橋架設訓場一般位於河岸，解放軍許多此類訓場都會有方便浮橋車輛下水的坡道，在衛星圖上會呈現並排分布之長條狀。

72集團軍工兵旅（31605部隊）位於江蘇省南京市秦淮區石楊路旁的浮橋車輛下水處。（Google Earth）

5. 雷達站與觀通站

　　解放軍有為數眾多的雷達站（海軍則為觀通站，兩者功能大致相同），其通常位於「山之巔海之濱」，且大部分都會有供機動雷達進出的坡道。而位於內陸的雷達站一般不會有雷達罩，離海岸較近的雷達站則有，其目的為防止受潮與機件損壞。

（左）東部戰區海軍雷達觀通第一旅（92985部隊）位於福建省漳州市雲霄縣大斜田的觀通站。（央視、Google Earth）
（右）中國航天科工集團廊坊航天科工試驗場內的雷達相關試驗設施與坡道。（Google Earth）

4

先備知識（二）：
如何用解放軍車牌編碼判讀單位

解放軍車牌編碼概述（以陸軍為例）

談及解放軍公開情報時，大部分人想到的可能都會是影像地理定位，這的確佔了公開情報的很大部分。但除影像分析外，「編碼」亦為解放軍公開情報的重要資訊來源，用通俗點的詞彙來說就是車牌號碼。

解放軍車輛編碼可依懸掛和噴塗位置分為兩種格式：前後掛牌與車身編碼，前者懸掛於車輛前後（有時會噴塗在車斗後方），且只懸掛於戰術輪車與運輸車等輪式車輛；後者則多出現於裝甲車輛，輪式運輸車輛也會有，但較少見。而下圖的運輸車便是罕見的例子，其同時有掛牌和車身編碼，剛好可做為介紹的案例。

解放軍車輛編碼可依懸掛和噴塗位置分為前後掛牌與車身編碼兩種格式（以77集團軍炮兵旅運輸車輛為例）。（央視）

1.前後掛牌與「小四碼」

　　車輛前後掛牌由兩個漢語拼音字母和五個數字組成，有時會上下排列，有時則左右並排。按經驗來說，前者較多出現於有噴塗迷彩的軍用車輛；後者則較多出現於單一顏色的部隊公務車。而在車輛前後掛牌的判讀上，我們注意到前四碼就好，也就是LX41，這四碼就足以幫助我們判讀單位。此四碼同時也是下文介紹會提到的「小四碼」，讀者可以先記住這個名稱，以便下文提及時更有記憶點。

解放軍車輛前後掛牌有時會上下排列，有時則左右並排。（作者自繪）

　　我們可把LX41拆分為LX與41。首先講前者，LX為

「陸軍（Lu Jun）」與「西部戰區（Xi Bu Zhan Qu）」首字的漢語拼音，即小四碼第一碼代表軍種，第二碼則代表戰區或軍區。故若為陸軍，則第一碼為L、海軍則為H、空軍為K、火箭軍為J（「箭」字漢語拼音）、聯勤保障部隊為B（「保」字漢語拼音）。若為東部戰區，則第二碼為D、南部戰區則為N、西部戰區為X、北部戰區為B、新疆軍區為J（「疆」字漢語拼音）、西藏軍區為S（「西」字漢語拼音，一般拼為Xi，Si可能為當地方言或古漢語轉寫，也因X西部戰區已有使用，故用S）、北京衛戍區為W（「衛」字漢語拼音）。另也有一特殊案例，即信息支援部隊部分單位使用T（「通」字漢語拼音，通信之意）。這裡也告訴讀者一判斷原則：只要看到解放軍編碼出現英文字母，基本上都會是漢語拼音，和英文並無任何關係。

　　再來是後者，「41」是整個車牌編碼最耗費腦力的部分，因為這需對解放軍陸軍編制有基礎的認識。故在解釋其涵義前，有必要概述解放軍陸軍編制予讀者認識：解放軍有東、南、西、北、中五大戰區，每個戰區下轄二至三個集團軍，集團軍下轄旅亦有合成旅和兵種旅兩種類別，每個集團軍通常下轄六個合成旅和六至七個兵種旅。而「41」，也就是「小四碼」的後兩碼，第一位若是奇數（1、3、5），則該單位為合成旅；若為偶數（2、4、

6），則該單位為兵種旅。而1、3、5和2、4、6之順序，則依照該集團軍於戰區中之排序（按番號數字小至大排列）。

「小四碼」後兩碼第二位，也就是「41」的「1」，則有合成旅與兵種旅的分別。若為合成旅，則1至6的排序按照合成旅番號小至大排列（東部戰區除外，其乃照合成旅的屬性排列，按兩棲、重型、中型、輕型之順序，如遇同種類，則番號數字較小者排前面）；若為兵種旅，則1至6或7的排序按炮兵、防空、特戰、陸航、工化／工兵、勤務支援、防化之順序排列（75集團軍與83集團軍則為例外，此兩旅編有空突旅，所以空突旅排序第一位，並剔除陸航旅，防空旅與特戰旅排序則向後順移一位）。

L	X		L	X	
陸軍	西部戰區				
Lu Jun	Xi Bu Zhan Qu				
Ground Forces	Western T.C.		41537		→ 車輛流水號

4：戰區排序第二的集團軍的兵種旅
1：集團軍排序第一的兵種旅（炮兵旅）

77集團軍炮兵旅（77115部隊）車牌範例與「小四碼」意涵說明。（作者自繪）

如東部戰區下轄三個集團軍，排序為71集團軍、72集團軍、73集團軍，則三個集團軍的「合成旅」小四碼分別

為LD1x、LD3x與LD5x；「兵種旅」則為LD2x、LD4x與LD6x。

2. 車身編碼與「大四碼」

　　車身編碼由「大四碼」，即四個較大之數字，與前文提及的「小四碼」所構成。相較後者，大四碼的判讀簡易許多，第一碼代表「營」、第二碼代表「連」，第三與第四碼則為車輛流水號，如此例即為「八營二連第39輛車」。搭配上「小四碼」規則則為「77集團軍炮兵旅（77115部隊）八營二連第39輛車」。

車身編碼圖解，以77集團軍炮兵旅（77115部隊）八營二連為例。（作者自繪）

　　讀者可能也留意到了一點，也就是前後掛牌與車身編碼的「車輛流水號」有所不同。原因在於前後掛牌之流水號為「車牌本身」之流水號，車身編碼之流水號則為「該車輛於該營或該連內」之流水號，故編碼數字會有所出入。

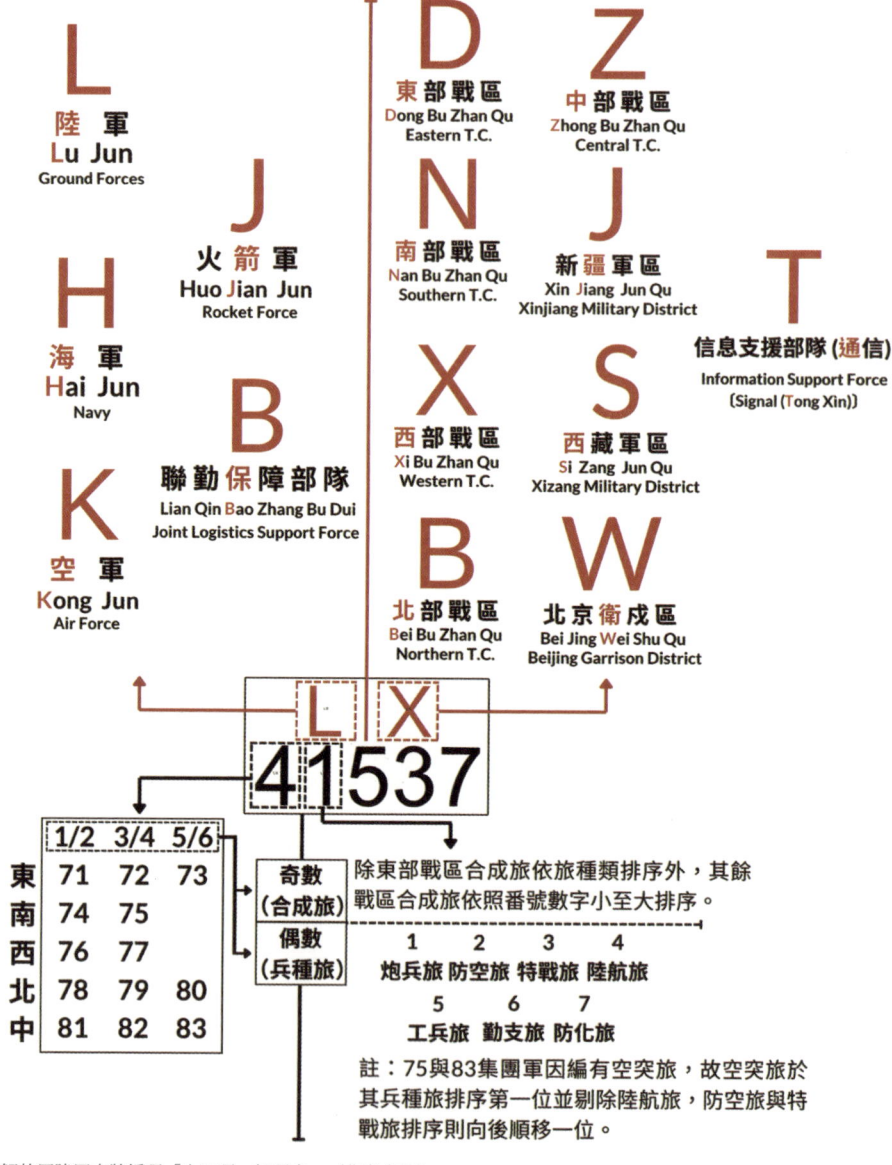

L
陸　軍
Lu **J**un
Ground Forces

H
海　軍
Hai **J**un
Navy

K
空　軍
Kong **J**un
Air Force

J
火箭軍
Huo **J**ian **J**un
Rocket Force

B
聯勤保障部隊
Lian **Q**in **B**ao **Z**hang **B**u **D**ui
Joint Logistics Support Force

D
東部戰區
Dong **B**u **Z**han **Q**u
Eastern T.C.

N
南部戰區
Nan **B**u **Z**han **Q**u
Southern T.C.

X
西部戰區
Xi **B**u **Z**han **Q**u
Western T.C.

B
北部戰區
Bei **B**u **Z**han **Q**u
Northern T.C.

Z
中部戰區
Zhong **B**u **Z**han **Q**u
Central T.C.

J
新疆軍區
Xin **J**iang **J**un **Q**u
Xinjiang Military District

S
西藏軍區
Si **Z**ang **J**un **Q**u
Xizang Military District

W
北京衛戍區
Bei **J**ing **W**ei **S**hu **Q**u
Beijing Garrison District

T
信息支援部隊 (通信)
Information Support Force
(Signal (**T**ong **X**in))

L | **X**
41537

	1/2	3/4	5/6
東	71	72	73
南	74	75	
西	76	77	
北	78	79	80
中	81	82	83

奇數
（合成旅）

偶數
（兵種旅）

除東部戰區合成旅依旅種類排序外，其餘戰區合成旅依照番號數字小至大排序。

1	2	3	4
炮兵旅	防空旅	特戰旅	陸航旅

5	6	7
工兵旅	勤支旅	防化旅

註：75與83集團軍因編有空突旅，故空突旅於其兵種旅排序第一位並剔除陸航旅，防空旅與特戰旅排序則向後順移一位。

解放軍陸軍車牌編碼「小四碼」解碼表。（作者自繪）

3.案例分享：從被遮擋的車牌號辨識車輛所屬單位

2023年8月北京市房山區一帶淹水，央視報導「82集團軍某旅」前往救災。（央視）

　　本案例為2023年8月北京市房山區一帶淹水，央視報導「82集團軍某旅」前往救災之新聞。該報導的畫面皆位於郊區，並無可以判斷單位的參照物，在此類情形下，「序列編號」即為判斷唯一要素。

　　然而隨近年國家安全意識的增長，解放軍時常在影像報導中有意無意的遮擋車牌，本張照片即為一例。我們按規則判斷：82集團軍車牌號開頭兩碼漢語拼音必定為LZ，所以第三碼必定為3或4，圖片中依稀可見輪廓，只有數字3符合，所以該旅為82集團軍的合成旅。加之第四碼數字並無2到6的形狀特徵，所以為1。至此，可判斷報導中參與救災之82集團軍某旅為82集團軍重型合成第六旅。

小四碼	番號	代號	榮譽稱號
LZ31	重型合成第6旅	66325部隊	忠誠勁旅
LZ32	輕型合成第80旅	66172部隊	常勝勁旅
LZ33	中型合成第127旅	71282部隊	鐵軍
LZ34	重型合成第151旅	32138部隊	
~~LZ35~~	~~重型合成第188旅~~	~~66016部隊~~	~~野八旅~~
LZ36	輕型合成第196旅	66481部隊	忠誠猛士 勢如破竹十九團
LZ37	重型合成第112旅	66336部隊	平江起義團
LZ41	炮兵第82旅	32139部隊	
LZ42	防空第82旅	32140部隊	
LZ43	特戰第82旅	66011部隊	響箭特戰旅
LZ44	陸航第82旅	66350部隊	
LZ45	工兵第82旅	32141部隊	
LZ46	勤務支援第82旅	32142部隊	
LZ47	防化第82旅	66321部隊	

82集團軍編制清單。（作者自繪）

武警車牌

　　武警現行車牌2019年10月1日啟用，不同於陸軍車輛有前後掛牌與車身編碼，武警車輛只有前者。而現行的武警編制為各省、自治區與直轄市設總隊（正師級，主官為大校軍銜），每個總隊下轄數個執勤支隊與機動支隊（正團級，主官為上校軍銜，數量不一定，按地方需求）。另設兩個機動總隊（車牌開頭為WJ-J1與WJ-J2，J為「機動」首字漢語拼音），各下轄十七個支隊。

武警車牌亦有上下排列與左右並排兩種型式，以武警湖南總隊（左）與武警福建總隊福州支隊（右）為例。（央視、微博）

　　武警車牌由三個漢語拼音字母與五個數字所組成，前兩個字母為「武警」之漢語拼音，第三個字母為戰區之漢語拼音，各戰區拼音在上文已有說明，不再贅述。前兩碼數字則分別意涵各「總隊」與其下轄「支隊」，前者由一至七按各戰區下轄武警總隊之排序，分別為：

● 東部戰區：上海、江蘇、浙江、安徽、福建、江西
● 南部戰區：湖南、廣東、廣西、海南、貴州、雲南
● 西部戰區：重慶、四川、西藏、甘肅、青海、寧夏、新疆
● 北部戰區：內蒙古、遼寧、吉林、黑龍江、山東
● 中部戰區：北京、天津、河北、山西、河南、湖北、陝西

　　第二碼數字，即各總隊下轄「支隊」，此無特定順序，因各地方總隊下轄支隊數量並無固定，乃按各地方需求而有多寡。

WJ 武　警
Wu　Jing
Armed Police Force

D 東部戰區
Dong Bu Zhan Qu
Eastern T.C.

WJ-D51020

各戰區內武警總隊　　各武警總隊下轄支隊（總隊機關為0）　　車輛流水號

	1	2	3	4	5	6	7
D 東部戰區	上海	江蘇	浙江	安徽	福建	江西	
N 南部戰區	湖南	廣東	廣西	海南	貴州	雲南	
X 西部戰區	重慶	四川	西藏	甘肅	青海	寧夏	新疆
B 北部戰區	內蒙古	遼寧	吉林	黑龍江	山東		
Z 中部戰區	北京	天津	河北	山西	河南	湖北	陝西

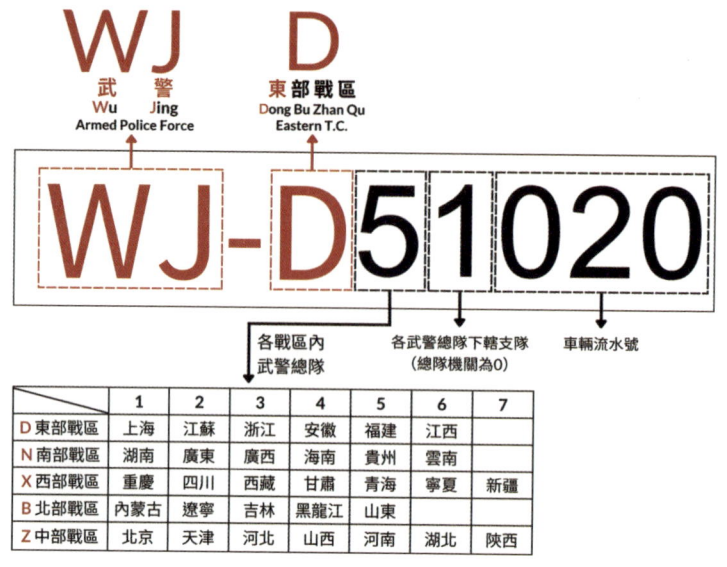

武警車牌解碼表，以武警福建總隊福州支隊車牌為例。（作者自繪）

其他車牌

　　以上所介紹的陸軍與武警車牌為當前資訊相對完整之軍兵種，亦適用於解放軍絕大多數現役車輛。

1.軍校

　　解放軍陸軍院校之車牌號目前編碼開頭有LX與XL兩種，分別出現於陸軍兵種大學北京校區（原陸軍裝甲兵學院北京校本部）與陸軍兵種大學鄭州校區（原陸軍炮兵防空兵學院鄭州校區）。其分別為「練習」與「訓練」二詞之漢語拼音。

陸軍兵種大學北京校區（原陸軍裝甲兵學院北京校本部）XL車牌號。（央視）

陸軍兵種大學鄭州校區（原陸軍炮兵防空兵學院鄭州校區）LX車牌號。（央視）

2.海軍陸戰隊

　　解放軍海軍陸戰隊之車牌即「海軍陸戰隊」之「海」與「陸」的漢語拼音。

解放軍海軍陸戰隊車牌號，以南部戰區海軍陸戰隊陸戰一旅（92057部隊）為例。（人民海軍微信公眾號）

5

先備知識（三）：如何用免費開源工具觀察與記錄解放軍兩棲演訓

在解放軍每年眾多的軍事演訓中，兩棲登陸演訓一直是最受到眾人關注的項目之一，每逢四月到六月，軍事社群對解放軍兩棲登陸的討論就會熱烈起來。相信一般民眾得知解放軍兩棲演訓的管道都是從媒體報導。但若是從媒體得知，資訊多少會因受到不同立場與觀點的「加工」，以致不夠客觀與超然，本章節旨在為大家解決此問題。

普羅大眾要在不付費的狀況下用公開情報觀察解放軍兩棲登陸軍演，只有兩種途徑：官媒報導與衛星影像，此章節即告訴大家如何實作。但在開始前，我們必須先熟悉先備知識，也就是解放軍所有兩棲登陸訓場的位置。

解放軍兩棲登陸訓場共有九個，由南至北自寧波象山縣一直到湛江廣州灣，並平均分配給陸軍的六個兩棲合成旅與東部、南部戰區之海軍陸戰隊。得知這些後，接下來和讀者介紹從官媒報導與衛星影像觀察的方法。

流水號	地點	座標	常用單位
1	浙江省寧波市象山縣石浦鎮	29.2459, 121.9572	72集團軍兩棲合成第5旅（73021部隊） 72集團軍兩棲合成第124旅（75210部隊）
2	福建省寧德市霞浦縣長春鎮	26.738, 120.1045	72集團軍兩棲合成第5旅（73021部隊） 72集團軍兩棲合成第124旅（75210部隊）
3	福建省泉州市石獅市新沙堤村	24.7025, 118.7311	東部戰區海軍陸戰隊第四旅（91718部隊）
4	福建省漳州市東山縣	23.674, 117.4698	73集團軍兩棲合成第14旅（73156部隊） 73集團軍兩棲合成第91旅（73131部隊）
5	福建省漳州市詔安縣大埕灣	23.6274, 117.2181	73集團軍兩棲合成第14旅（73156部隊） 73集團軍兩棲合成第91旅（73131部隊）
6	廣東省汕尾市海豐縣碣石灣	22.818, 115.5639	74集團軍兩棲合成第1旅（73022部隊） 74集團軍兩棲合成第125旅（31627部隊）
7	廣東省汕尾市捷勝鎮	22.6912, 115.4223	74集團軍兩棲合成第1旅（73022部隊） 74集團軍兩棲合成第125旅（31627部隊）
8	廣東省湛江市坡頭區南三島	21.1364, 110.5889	南部戰區海軍陸戰隊

解放軍兩棲訓場彙整（由北至南）。（作者自繪）

1.官媒報導

　　在前文與公眾視野已提及過：央視第七台在每日北京時間早上八點、下午一點與晚上八點三個時段會發布解放軍影像軍事報導，節目名稱分別為「國防軍事早報」、「正午國防軍事」以及「軍事報道」，每個時段均會有十幾則新聞條目，此為外界得知解放軍影像的主要來源。

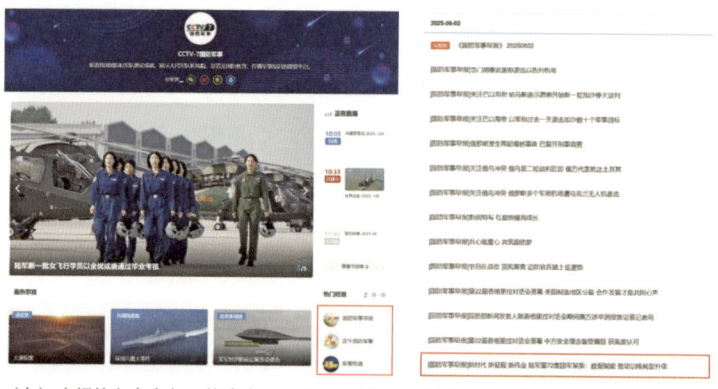

（左）央視第七台在每日皆會有三個時段發布軍事影像報導，可以在其網站右側找到。（央視網頁）

（右）承上，點入連結就可以找到當日新聞條目，並從中挑選想檢索的條目，以2025年6月2日「國防軍事早報」的〈新時代 新征程 新偉業 陸軍第72集團軍某旅：數據賦能 推動訓練轉型升級〉軍事報導為例。（央視網頁）

　　兩棲登陸演訓的部分，我想以2025年6月2日早上八點「國防軍事早報」的〈新時代 新征程 新偉業 陸軍第72集團軍某旅：數據賦能 推動訓練轉型升級〉軍事報導為例。該報導顯示72集團軍某旅進行兩棲演訓，報導中出現了05式兩棲裝甲車，此為解放軍兩棲合成旅的主要裝備，加之提及72集團軍，所以可判斷此單位為72集團軍下轄的兩棲合成第五旅與第一二四旅其中一旅。

　　接著就是判斷拍攝位置，即比對參照物或地貌（這就是熟能生巧，實在沒什麼好說的。）在兩棲演訓報導的比對上，若是讀者為新手，特別想給個建議，就是「比對參照物後再比對地貌」，因操作者若是較無圖像地理定位經驗，往往在比對地貌（尤其是山體）上會不熟悉乃至有挫

折感,所以就讓我們從參照物著手。

在參照物上,解放軍各個兩棲演訓場都有自己的特色,如東山島南側的蘇峰山山脊有公路,而公路下方就是兩棲演訓的靶標;碣石灣西南角的山壁則有大面積的植被剝落等。

兩棲訓場地貌特徵:東山島南側的蘇峰山山脊有公路,而公路下方就是兩棲演訓的靶標。(Google Earth、央視)

兩棲訓場地貌特徵:碣石灣西南角的山壁則有大面積的植被剝落。(Google Earth、央視)

本案例位於寧波象山,該訓場的特點有兩個:其南側有「中國漁村景區」景區內遊樂設施有一艘船隻與小摩天輪,在報導影片中我們也能發現此特徵,故可判斷該演訓地點就位於此。但依然也可以順便對比山體,做「雙重確認」以增加信度和說服力。

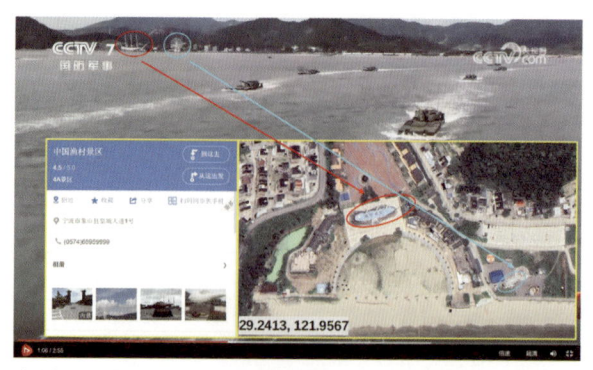

寧波象山兩棲訓場南側的「中國漁村景區」。（Google Earth、央視）

該訓場山體比對。（Google Earth、央視）

2.衛星影像

前面已提過，但再提一次。本案例所觀察解放軍軍演使用的工具，為商用衛星公司Copernicus所提供的免費服務。我們平常使用的Google地圖、微軟地圖、蘋果地圖、百度地圖與高德地圖解析度都不錯，但都無法提供即時的

衛星影像，最近的也至少是好幾個月至半年前所拍攝。而Copernicus公司所提供之衛星影像具有即時性，可以提供一周內的衛星影像，但其限制是解析度過低，所以只能幫我們確認一些較為龐大的物件。例如我們若是基於情勢推測解放軍近期可能會宣布對台軍演，就可以使用其服務來查看停靠青島魚池灣（遼寧艦母港）與三亞榆林灣（山東艦母港）的解放軍航母是否出港與回港等。

兩棲演訓亦可以使用此工具觀察，因兩棲車輛在泛水時會產生浪跡，研究者只需知道解放軍兩棲訓場的位置，加之使用此服務來查看該訓場某日是否有兩棲車輛所產生的浪跡，經紀錄一段時間後便能形成具參考性的資料庫。

我想以2025年6月的廣東汕尾捷勝訓場為例，首先讓我們打開該公司所提供的衛星影像，並查看衛星在該月有過頂的日期，最早是6月4日，接著從該日開始一一檢索每個有拍攝的日期，查看哪日有出現浪跡。可以發現該月在9日與11日有出現浪跡，前者的浪跡為各車直線由岸至海來回泛水，後者則為冂字型由岸至海來回泛水，這兩者也是解放軍兩棲合成旅最常做並最基礎的兩棲演訓。

但以衛星影像來觀察的優缺點也很明顯，優點是比報導更具有即時性，央視一般的軍事報導最快也會隔幾天時間才發布，而商用衛星圖可以使觀察者得知確切演訓日期；缺點就是商用衛星圖無法提供車牌號、榮譽稱號和主

官人名等資訊，故無法像從報導觀察一樣得知演訓單位，且還必須「看天吃飯」，若天候不佳或雲層太厚，則完全無法得知檢索的日期有無兩棲演訓。

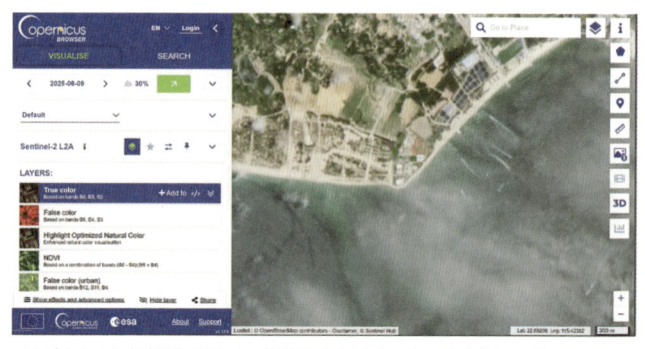

2025年6月9日的捷勝訓場，兩棲車輛直線由岸至海來回泛水。（Copernicus Browser）

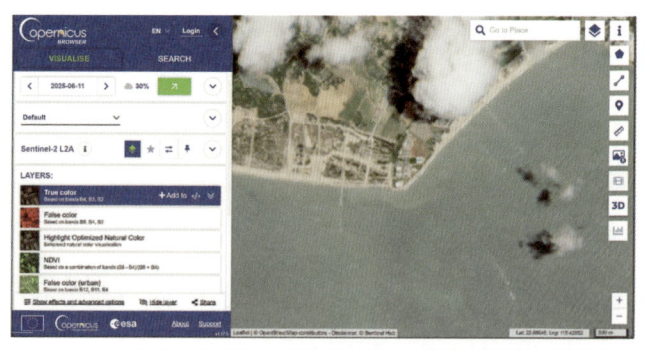

2025年6月11日的捷勝訓場，兩棲車輛呈ㄇ字型由岸至海來回泛水。（Copernicus Browser）

3. 演訓規模

以上，我們已得知在不課金的狀況下觀察解放軍兩棲演訓的兩個主要途徑，最後要告訴讀者如何觀察演訓規模，而這部分有賴觀察者對兩棲合成旅所下轄合成營編制的認識。

解放軍合成旅下轄四個合成營（另還有五個兵種營），每個合成營下轄六個連，分別為兩個裝甲步兵連、兩個突擊車連、火力連（第五連）與支援保障連（第六連）。一個連有十四輛車（三個排，一排四輛加上連部兩輛）。所以我們有兩種得出規模的途徑，一種是看車牌號，另一種是直接計算衛星圖或報導影片中的車輛數量，一般而言，後者會較前者直觀且準確。

　　在計算數量上，按上述連與排車輛數量，即一連十四輛與一排四輛的指標，如衛星圖浪跡若呈現十四輛以內，便為排級之演訓，若超過十四輛則為連級，以此類推。影像報導亦可這樣處理，但可留意車牌號，若車輛數量未超出十四輛，但車牌號顯示多個連之車輛共同泛水，仍可判斷為連級兩棲演訓。案過往三年來說，營級以上的兩棲演訓較為罕見，通常一年不足五次，連級則屬於常態。

　　以上已告訴大家如何得知解放軍兩棲演訓的時、地與單位，但若要快速掌握還得仰賴讀者的熟能生巧，鼓勵讀者可動手實作，用親身檢索的視角來觀察解放軍。

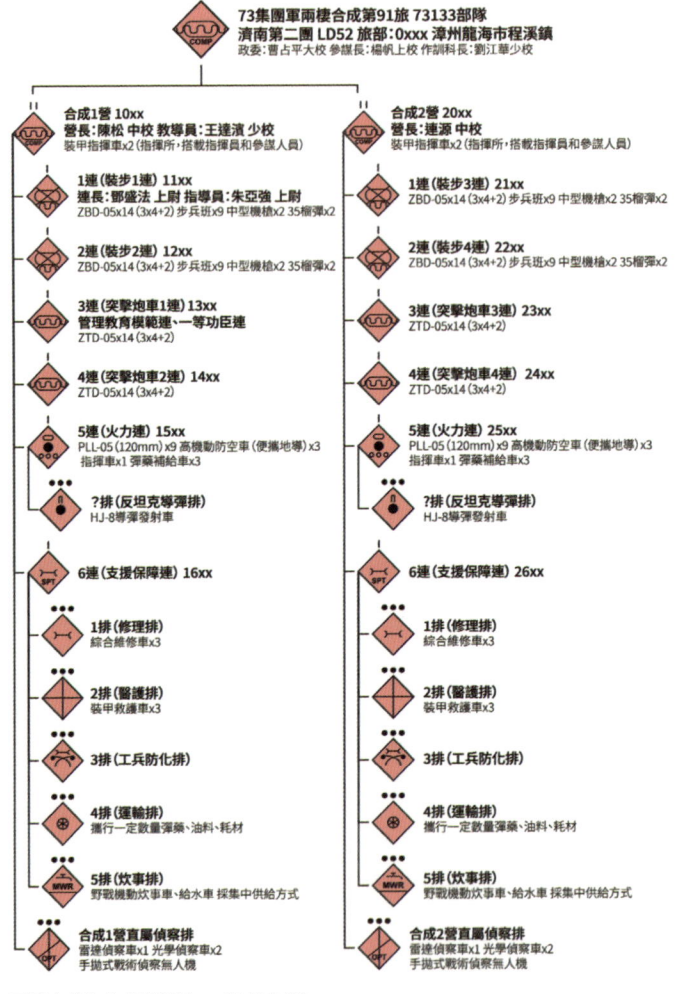

73集團軍兩棲合成第91旅 73133部隊
濟南第二團 LD52 旅部：0xxx 漳州龍海市程溪鎮
政委：曹占平大校 參謀長：楊帆上校 作訓科長：劉江華少校

合成1營 10xx
營長：陳松 中校 教導員：王達濱 少校
裝甲指揮車x2 (指揮所，搭載指揮員和參謀人員)

1連 (裝步1連) 11xx
連長：鄧盛法 上尉 指導員：朱亞強 上尉
ZBD-05x14 (3x4+2) 步兵班x9 中型機槍x2 35榴彈x2

2連 (裝步2連) 12xx
ZBD-05x14 (3x4+2) 步兵班x9 中型機槍x2 35榴彈x2

3連 (突擊炮車1連) 13xx
管理教育模範連、一等功臣連
ZTD-05x14 (3x4+2)

4連 (突擊炮車2連) 14xx
ZTD-05x14 (3x4+2)

5連 (火力連) 15xx
PLL-05 (120mm) x9 高機動防空車 (便攜地導) x3
指揮車x1 彈藥補給車x1

?排 (反坦克導彈排)
HJ-8導彈發射車

6連 (支援保障連) 16xx

1排 (修理排)
綜合維修車x3

2排 (醫護排)
裝甲救護車x3

3排 (工兵防化排)

4排 (運輸排)
攜行一定數量彈藥、油料、耗材

5排 (炊事排)
野戰機動炊事車、給水車 採集中供給方式

合成1營直屬偵察排
雷達偵察車x2 光學偵察車x2
手拋式戰術偵察無人機

合成2營 20xx
營長：連源 中校
裝甲指揮車x2 (指揮所，搭載指揮員和參謀人員)

1連 (裝步3連) 21xx
ZBD-05x14 (3x4+2) 步兵班x9 中型機槍x2 35榴彈x2

2連 (裝步4連) 22xx
ZBD-05x14 (3x4+2) 步兵班x9 中型機槍x2 35榴彈x2

3連 (突擊炮車3連) 23xx
ZTD-05x14 (3x4+2)

4連 (突擊炮車4連) 24xx
ZTD-05x14 (3x4+2)

5連 (火力連) 25xx
PLL-05 (120mm) x9 高機動防空車 (便攜地導) x3
指揮車x1 彈藥補給車x1

?排 (反坦克導彈排)
HJ-8導彈發射車

6連 (支援保障連) 26xx

1排 (修理排)
綜合維修車x3

2排 (醫護排)
裝甲救護車x3

3排 (工兵防化排)

4排 (運輸排)
攜行一定數量彈藥、油料、耗材

5排 (炊事排)
野戰機動炊事車、給水車 採集中供給方式

合成2營直屬偵察排
雷達偵察車x1 光學偵察車x2
手拋式戰術偵察無人機

兩棲合成旅合成營編制。（作者自繪）

6

案例分享（一）：
我的首張央視地理定位

　　三年多來，許多人透過追蹤我的X更新每日解放軍公開情報與地理定位。但我並非一開始就打算經營社群。直到投入「解放軍地圖」製作約一年，彼時在新聞上露面後，才開始思考：與其透過報導，不如經營自身社群平台，但經營後很快就面臨一個問題：我是話少的人，無法像大部分人那樣時常分享個人生活動態，但作為某種類型的「網路創作者」，勢必要按時發文，於是便想到了每日觀看中共軍媒報導並將其畫面地理定位後發布的經營方式。

　　寫此本著作時亦回想，這段日子的確如同填答數獨之過程。而現今地理定位的速度雖比當初快許多，卻也少了幾分當初那單純定位的樂趣，隨採訪與社群關注數量的增

加，現今的生活亦較當初複雜與缺少熱情。忍不住回顧了當初第一次製作央視地理定位的影像，其如同一聲吶喊呼喚我猛回頭，固然繪製的比對線條笨拙，但製作動機卻有著現今無法比擬的熱情與純粹。

該影像為央視2022年11月18日發布之軍事報導，剛開始做定位比對時，我幾乎都先選擇空軍相關報導，因空軍資訊相對透明，加之有機場（解放軍正式名稱為「場站」），與海軍軍港同為較好定位之軍種。

Q：央視報導東部戰區空軍某旅遂行訓練，請根據圖片判斷戰機地理位置。
--→使用工具： Google Earth、網路檢索

2022年11月18日，央視報導東部戰區空軍某旅遂行訓練。（央視）

解題思路：

1. 用「東部戰區空軍」與戰機機型限定範圍：定位此則新聞首先可從報導中的「東部戰區空軍」得到線索，其為東部戰區空軍某旅。而從影片中畫面可得知戰機機型為殲十（不諳機艦辨識者可將戰機影像截圖，用以圖搜圖也能得到答案）。而彼時東部戰區空軍唯一裝備該型戰機之單位只有駐紮汕頭外砂場站（95080部隊）的空二五旅（95039部隊），這在維基百科中就可找到答案，所以影片拍攝位置必定在該機場附近。

2. 查找影像中的地理特徵：我們可留意報導40秒處的影像：飛行員座艙右後方出現一座島嶼。而上一步已得出「外砂機場附近」之範圍，故本步驟要做的就是檢查機場附近海岸線來尋找該島嶼。在找尋以地理特徵為主的物件時，我們要做的即記住其地理特徵，首先要把你的眼睛想像為照相機──我建議你這麼做，會在無形中加深印象。而該島嶼有城鎮色塊與其他綠色植被覆蓋區域分布鮮明之特徵，按此特點，我們可在外砂機場的東北18.6公里處找到它，此為我做公開情報之初，簡單卻富有意義的首次案例。

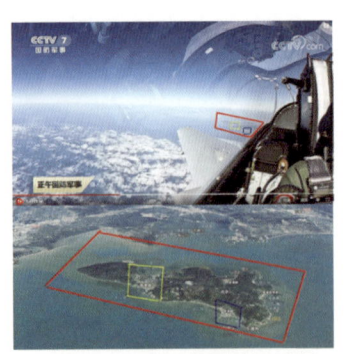

首次比對央視時繪製的參照線（央視、Google Earth）

我們可在外砂機場的東北18.6公里處找到該島。（Google Earth）

7

案例分享（二）：
解放軍防空陣地的特徵與判讀

　　解放軍防空陣地在視覺特徵上通常呈現圓狀，且防空載具陣位於陣地上平均分布，位於陝西省咸陽市三原縣起駕村的空軍工程大學防空反導學院就是很好的參考範例。該學院有五座不同形狀之防空陣地供學員訓練。中國幅員遼闊，在建立解放軍地圖前兩年，我花費了非常多的時間使用Gogle Earth在中國各地徘徊，只為了尋找為數眾多且多位於荒野的防空陣地（解放軍軍語為「地導」陣地，全稱為地空導彈陣地）。

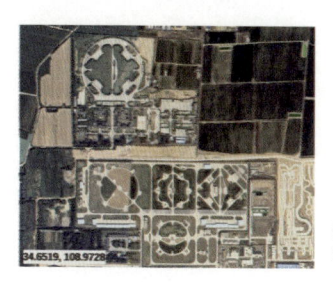

解放軍空軍工程大學 防空反導學院內的各樣式防空陣地訓場。（Google Earth）

Q：防空陣地查找案例：央視於2025年2月17日報導東部戰區空軍地導某部演訓，請地理定位報導中陣地的位置？

---▶ 使用工具：Google Earth

央視於2025年2月17日報導東部戰區空軍地導某部演訓。（央視）

解題思路：

1. 基於陣地視覺特徵查找、建立防空陣地地圖資料庫：本題若無事先建立解放軍防空陣地資料庫，則難以答題。這也是上述提及花費時間建立資料庫之必要。報導口白已告知我們該單位隸屬東部戰區空軍，所以必須將東部站區內，符合「圓狀、防空陣位於陣地上平均分布」特徵的陣地全部標註並做成資料庫。

建立防空陣地資料庫。（Google My Maps）

2. **比對東部戰區境內軍用機場附近的防空陣地**：我們可以留意到報導畫面出現一套防空系統，讀者可以挑選清晰的畫面來以圖搜圖，不難找出此裝備為陸盾-2000（LD-2000）防空系統，並可找到這套系統主要是用以防範低空目標，主要部署機場、指揮所和後勤中心等戰略目標的說明。但是很可惜，解放軍並不會公布搭載這套系統的陣地有哪些，也無法向上一題一樣在維基百科找到任何線索。

但根據此裝備功能和用途，我們可優先尋找東南沿海每個機場附近的防空陣地，理由是沿海靠台灣更近。而離敵方愈近，受到低空目標（如無人機）攻擊的機率也愈大，也才有部署價值。而這樣的地點，根據我的統計約有五十幾處，與影片畫面逐一比對下，最終我們可找

到此畫面拍攝於義序機場東側的防空陣地。與我過往累積的資料庫比對，還可得知此部隊為東部戰區空軍地空導彈第四旅二三九營（94921部隊）。

您可能會覺得，光是要找出這五十多個地點，還要逐一比對，要花多少時間？不過，萬事起頭難，隨著經驗的累積和資料庫越來越完善，您的速度就會越來越快，如同資深軍事迷一看到陸盾-2000，很快就能聯想到它幾乎都部署於空軍機場。

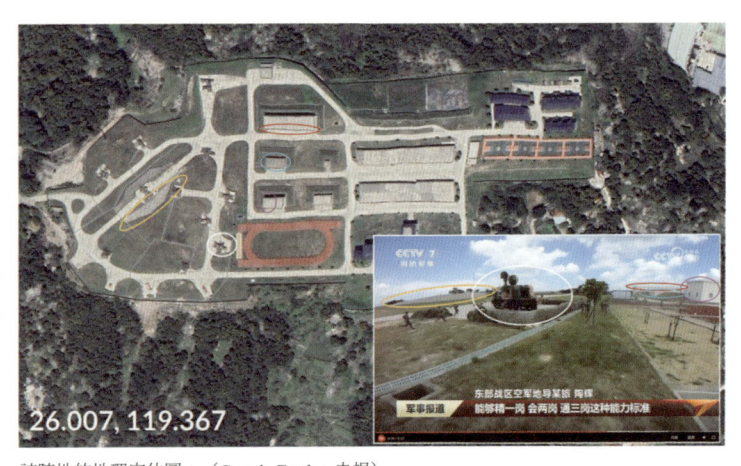

該陣地的地理定位圖。（Google Earth、央視）

106

8

案例分享（三）：基於裝備和陣地的視覺特徵建立資料庫並判讀位置

本部分同樣與視覺特徵有關，但談的是海軍單位，解放軍海軍也是資訊相對透明的軍種。因大部分海軍單位皆有港口，港口和船隻亦具有視覺上無法隱藏的特性。

裝備視覺特徵判讀案例

Q：東部戰區海軍022型於2023年8月19日出港前往台海周邊演訓，請查找出拍攝位置。

---▶ 使用工具：Google Earth

2023年8月，央視軍事報導022型飛彈快艇出港參與東部戰區位台島周邊的海空聯合戰備警巡和聯合演訓。（央視）

解題思路：
1. **縮限範圍**：第一步是限定地理定位的範圍，首先可以從影片中得知，此例為東部戰區海軍單位。
2. **辨識影片中的飛彈快艇型號**：從影片畫面能注意到，白、薄灰、濃灰、藍等四色調和的塗裝，此為022型快艇獨有之特色，讀者無論是用以圖搜圖的方式搜尋，或是從公開資訊中的解放軍艦艇種類去查找，都可確認此快艇為022型飛彈快艇。
3. **檢查駐有022型飛彈快艇之軍港**：不同於上述的五十多個防空陣地，軍港的數量相對其少很多，所以也較好上手。得知裝備型號後，加之此型快艇的塗裝視覺上明顯，我們可以逐一檢查東部戰區所有海軍軍港，找出駐有22型飛彈快艇的港口並整理出來清單（做成地圖亦可），可發現共有四處。

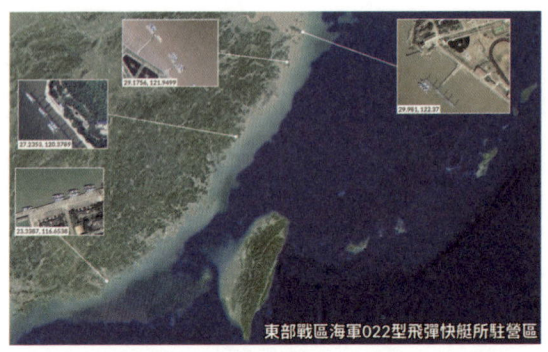

基於022型飛彈快艇的視覺特徵，標示出東部戰區駐有該型艇的營區。（Google Earth、作者自繪）

4. 比對畫面中的島嶼和山體：有了四個選項後，接著須進一步比對哪一軍港旁有與圖中島嶼和後方山體符合之環境。得到答案是位於福建寧德福鼎市猴子鼻之軍港，單位為東部戰區海軍快艇21支隊（91792部隊）導彈艇31大隊（92029部隊）。（作者註：支隊比大隊級別高，支隊相當於團級，大隊相當於營級。）

經比對，該地點位於福建寧德福鼎市猴子鼻之軍港。（央視、Google Earth）

此案例是非常適合新手的案例，上述提到海軍是資訊相對較多的軍種，若是讀者在視覺辨識上有困難，亦可上維基百科搜尋「中國人民解放軍東部戰區海軍」條目

作為查找軍港的輔助。而固然維基百科的更新資訊相對緩慢且多有遺漏，但因著海軍的變動周期較長加之資訊較多，所以仍可參考。讀者在搜集公開情報時，可以多方使用各種不同資訊來源，先求有再求好，以提升情報的蒐集速度與準確度。

陣地視覺特徵判讀案例

Q：東部戰區海軍岸導部隊於2023年4月進入陣地參與「聯合利劍」演訓，請查找出拍攝位置。

---▶ 使用工具：Google Earth

東部戰區海軍岸導部隊於2023年4月進入陣地參與「聯合利劍」演訓以回應時任總統蔡英文訪美。（央視）

本案例為岸導部隊（陸基反艦飛彈）陣地，而岸導部隊與地導部隊陣地雖同為飛彈陣地，但在陣地建置上，後者受到的限制較多也較好找尋。岸導部隊的任務導向為制

海，所以其陣地必須鄰近海岸，且與防空陣地同樣有陣位供發射車輛停放。

解題思路：

1. 限定範圍，熟悉的東部戰區：報導口白提及東部戰區岸導部隊進入陣地。讀者是否很熟悉？沒錯，我們基本上就可以鎖定本題的地理範圍是東部戰區的沿海岸導陣地。

2. 基於視覺特徵，蒐集東部戰區沿海的岸導陣地：與022型快艇案例一樣，本題須基於岸導陣地在衛星圖的視覺特徵將其挑選出來並作成資料庫，以提供查找對象。岸導陣地的特徵通常會建置平坦的水泥平台（不少會依車輛寬度呈現一塊塊的矩形狀），這樣做的目的是使發射車輛水平停放以避免事故。所以我們要找到的就是「東部戰區沿海的長條狀水泥平台」。

解放軍岸導陣地的視覺特徵。（中國軍網、Google Earth）

流水號	地點	座標
1	廣東省汕尾市陸豐市碣石鎮	22.7549, 115.8325
2	廣東省汕頭市濠江區塘邊灣	23.2205, 116.6779 23.2357, 116.6816
3	廣東省汕頭市南澳縣石獅頭	23.4762, 117.1245
4	廣東省潮州市大埕灣	23.6191, 117.1676
5	福建省泉州市石獅市沙堤村	24.6919, 118.7146 24.7004, 118.7303
6	福建省泉州市惠安縣後厝	24.8969, 118.8562
7	福建省福州市平潭縣六萬礁	25.5597, 119.8742
8	福建省福州市長樂市壼下	25.7801, 119.6192
9	福建省寧德市霞浦縣松城鎮	26.8579, 120.0228
10	浙江省溫州市洞頭縣鴿尾礁村	27.8456, 121.184
11	浙江省舟山市普陀區羊角	29.8903, 122.4244 29.9067, 122.4188
12	浙江省舟山市普陀區羊角大沙裡	29.9379, 122.4136
13	江蘇省南通市如東縣北坎鎮	32.3545, 121.4146

基於視覺特徵與過往報導蒐集東部戰區海軍岸導陣地位置（由南至北）。（作者自繪）

3. **地理定位**：有陣地資料庫後，我們就可以開始比對這十三個陣地當中何者具有報導影像中的參照物。我在該圖中選定最右邊的長方體物件、T字型道路以及電塔三者作為參照物。按此標準一一對照，即可找到其位於廣東省汕頭市濠江區塘邊灣南側。

該陣地衛星圖比對。（央視、Google Earth、作者自繪）

9

案例分享（四）：
依地貌判斷移地訓練位置

　　本案例為「表彰大會振奮人心 開訓動員激勵鬥志」軍事報導，本報導的發布者為「八一青春方陣」微信公眾號，此公眾號屬於中央軍委政治工作部組織局群團處。解放軍的消息除了央視外，微信公眾號也是很棒的來源，但入門門檻較高，因為各涉軍單位的公眾號皆使用類似筆名的暱稱。這些暱稱往往需要閱聽人花費時間尋找，但若是練就查找微信公眾號貼文的能力，會在解放軍公開情報的研究上很有幫助。

Q：「八一青春方陣」發布軍事報導，請查找出拍攝位置與軍事單位。
--➤ 使用工具：Google Earth
解題思路：

1. **判斷地貌特徵與找尋參照物**：先挑出本圖的幾個特徵：位於海岸邊、遠處有山體及發電廠，且地面植被覆蓋面積大，可以推斷其必定位於中國東南沿海。

報導原圖（左）與可參照之發電廠與山體（右）。（八一青春方陣）

因中國東部沿海海岸地形分布有一重要特徵：錢塘江以北為平坦地形，以南則為丘陵多山地形。至此，我們便限定了該影像的範圍，即「位於錢塘江以南並有發電廠的弧形海岸」。

中國東部沿海海岸地形分布特徵。（八一青春方陣、Google Earth）

2. **查找地圖**：此過程會較耗眼力和枯燥（若你是對看地圖

很有興趣的人則另當別論）我們要做的就是打開Google Earth且檢查中國錢塘江以南沿岸的所有電廠，並檢視何座電廠附近的地形符合圖中特徵。我選擇的是從廣東湛江的沿岸開始往北尋找（因海南島不太可能，其東部海岸並無發電廠。）

這裡的實作方式是把地圖放大（大到可以辨認發電廠的程度），然後用眼睛掃描海岸的每一寸土地以尋找發電廠（要和報導影像中一樣有兩根煙囪）。

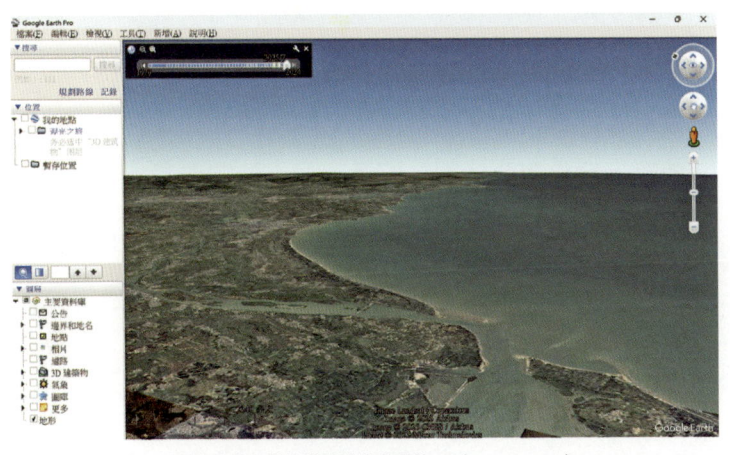

將衛星影像放大，並從廣東湛江的沿岸開始往北尋找。（Google Earth）

最後可以在廣東省陽江市陽西縣海岸找到陽西海濱電力發展有限公司，並確認該電廠三支煙囪的特徵與圖中符合，且從其北側海岸往發電廠看時，山陵線與照片中也符合，所以可由此確定該訓場位於電廠旁的黑石坡。

該訓場位於廣東省陽江市陽西縣黑石坡。
（八一青春方陣、Google Earth）

3. 確認單位：確認地點後，我們要確認的就是單位。確認單位的方法有多種多樣，主要有符號、番號、代號和榮譽稱號三種。該文中的線索就屬於符號，也就是該旅的徽章，解放軍許多部隊的徽章與單位的榮譽稱號有關，報導中的徽章圖像為獅子，放眼解放軍海軍陸戰隊各旅的榮譽稱號，只有第二旅（92510部隊）的榮譽稱號為「雄獅旅」，故由此確認報導中的單位為該旅，並且移地至廣東省陽江市陽西縣黑石坡演訓。

該旅之徽章。（八一青春方陣）

10

案例分享（五）：
從車牌號判斷單位並用衛星圖交叉確認

本題為央視於2025年5月7日發布之報導，報導描述陸軍某旅之防化演訓，而我們要做的仍是找出單位和地點。

Q：央視報導陸軍某旅進行防化演訓，請查找出拍攝位置與軍事單位。

---→ 使用工具：車牌號、百度、Google Earth、Copernicus Browser

解題思路：

1. 確認單位：本報導中的單位同樣是使用車牌號來確認，報導中可見該單位車牌號為「LD47」。依照解放軍車牌規則，該單位為「東部戰區陸軍排序第二的集團軍排序第七的兵種旅」，即72集團軍防化旅（32238部隊），這裡附上對照表，可以讓大家再熟悉一下車牌號

（左）由車牌號可知該報導中之單位為72集團軍防化旅（32238部隊）。（央視）

（右）72集團軍車牌號、番代號與榮譽稱號對照表。（作者自繪）

小四碼	番號	代號	榮譽稱號
LD31	兩棲合成第5旅	73021部隊	
LD32	兩棲合成第124旅	75210部隊	黃草嶺英雄旅
LD33	重型合成第10旅	73049部隊	夜老虎旅
LD34	中型合成第34旅	73091部隊	克劑勁旅襄陽特功團
LD35	中型合成第85旅	73123部隊	鋼刀勁旅
LD36	輕型合成第90旅	73132部隊	尖峰山勁旅
LD41	炮兵第72旅	31604部隊	
LD42	火箭炮兵第1旅	31622部隊	
LD43	特戰第72旅	73181部隊	霹靂特戰旅
LD44	陸航第72旅	73602部隊	
LD45	工兵第72旅	31605部隊	
LD46	勤務支援第72旅	31606部隊	
LD47	防化第72旅	32238部隊	

的排序與規則。

2. **確認地點**：知曉單位後，再來要做的就是確認地點。在沒有建立資料庫的狀況之下，要獲取解放軍單位地點的一個實用方法就是直接搜尋「xxxxx部隊地址」（使用代號查詢才查的到，用番號是查不到的）。如我們已知道72集團軍防化旅的代號是32238部隊，直接在Google和百度搜尋「32238部隊地址」就可以了，而百度當然不會直接告訴你地址（雖有時候會，但是是極少的情況），但有時會說出約略地點，例如某某街道或是某市某區等。如此案例的查詢結果，雖沒有直接點出地址，但有提及該單位可能位於南京市鼓樓區幕府山街道，所以我們便可由此著手，檢查該街道附近的幾個軍營。

使用百度查找代號以確認約略位置。（百度網頁）

　　我們可用肉眼判讀靶場、越障設施、車庫等設施並判斷出該街道附近有兩處軍營，接下來就可開始比對哪一處軍營與報導中符合。我選定的是2分17秒處的畫面，該畫面的參照物有車庫和後方一棟藍色屋頂大樓，也是我們需要在地圖上尋找並比對的兩個物件。

（左）南京市鼓樓區幕府山街道附近有兩處軍營。（Google Earth）
（右）車庫與後方藍色屋頂大樓即是我們要從兩處軍營中尋找的目標。（央視）

　　藍色屋頂辦公樓會是比較好查找的目標，經比對可得知其位於32.1143, 118.7897，拍攝位置則約略位於32.1129, 118.7879處。但讀者實作應會發現Google地圖在該座標的地面材質和報導中不一樣，為了百分之百確認拍攝地點真的位於該處已增加信度，我們必須用其他管道確認地板材

質。這也是民間研究公開情報的限制之一，即衛星影像時間差的問題。這時候就必須要使用多個衛星影像多方比對，許多讀者可能只熟悉Google地圖與Google Earth，但其實Bing maps、百度地圖以及Copernicus Browser也是可以使用的衛星影像資源。前兩者與Google地圖性質一樣，提供解析度不錯的公開衛星影像，但壞處是時間並不即時，Copernicus Browser則是相反，其影像品質模糊但時間具有即時性（考慮到雲層遮擋的問題，運氣好的話可以獲得一周之內的影像，運氣不好的話兩周至三周內）。

經比對可得知拍攝位置約略位於32.1129,118.7879處。（Google Earth、Copernicus Browser、央視）

經比對，可發現百度地圖在該處的拍攝時間更新最快，並且透過Copernicus Browser檢查該處5月30日的衛星影像，證實該營區車庫的地面材質與報導中相符。

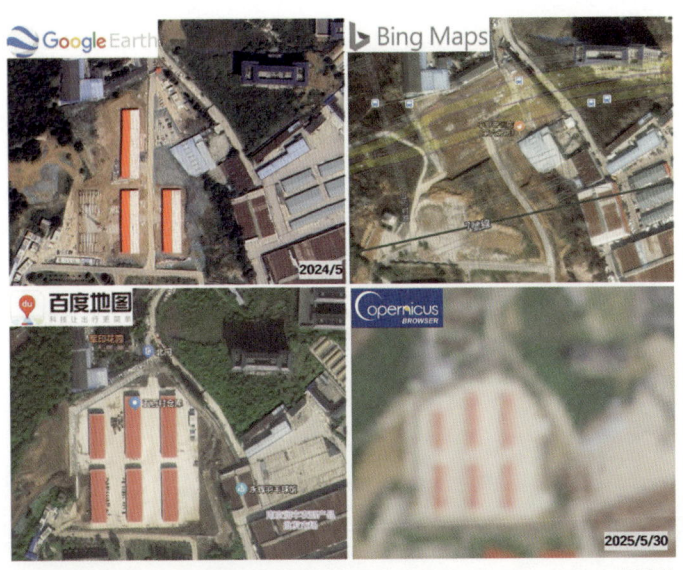

使用四種公開衛星影像比對該處地面材質。（Google Earth、Bing Maps、百度地圖、Copernicus Browser）

11

案例分享（六）：
從車牌、地貌判斷單位與移地訓練位置

　　此案例為央視「直擊演訓場 精確毀傷 炮兵分隊實彈射擊考核」軍事報導。

Q：央視報導炮兵演訓場實彈射擊考核，請判斷單位與移訓地點。
--→ 使用工具：車牌號、Google Earth

解題思路：

1. 確認單位：剛開始看到報導卻無法馬上確定地點時，我們首先要做的就是先限定範圍，而「確認單位」是限定範圍最有效率的方法之一，這邊建議讀者可以先看完報導影片。

　　在該報導中，我們可以得出線索為81集團軍某旅。再來按裝備性質與車牌號推測：其為自走炮，所以只可能

是集團軍合成旅的炮兵營或是集團軍的炮兵旅。再來我們可以注意到其車牌號大四碼開頭為6（即第六營），搭配解放軍的編制形式：合成旅第六營為炮兵營，炮兵旅六營則通常為遠火營。故可推斷此單位為合成旅而非炮兵旅。而報導中小四碼雖有遮擋，但小四碼最後一碼"1"仍露出，按車牌號邏輯可知其屬於81集團軍排序第一的合成旅（LZ11），即駐地位於山西省大同市南郊區馬軍營鄉的重型合成第七旅（32133部隊）第六營。

小四碼	番號	代號	榮譽稱號
LZ11	重型合成第7旅	32133部隊	虎爭勁旅
LZ12	輕型合成第70旅	66028部隊	燕山雄獅
LZ13	中型合成第162旅	71352部隊	猛虎勁旅
LZ14	中型合成第189旅	66058部隊	松骨峰英雄團
LZ15	重型合成第194旅	32134部隊	
LZ16	重型合成第195旅	66029部隊	草原狼

（左）81集團軍合成旅編制。（作者自繪）
（右）報導中PLZ-07之小四碼最後一碼為1。（央視）

2. **推斷訓場可能位置**：得知單位後，再來就要找尋位置。上頭已有提及，該旅駐地位於山西大同南郊的馬軍營鄉（40.0932, 113.2321）其在營區北側有訓場，但影片中地貌明顯不是位於該處。

圖 該旅過往近百分之九十五的報導都攝於營區北側之訓場（左）但此報導中演訓地點（右）之地貌與其有明顯差別，只能另尋他處。（央視）

既然不是在營區旁邊的訓場，那就只能另尋他處。攤開解放軍地圖，我把目光鎖定在了距離大同市東北側約165公里的張家口黃羊灘，因為除了大同市本身外，第二個距離該旅營區最近的訓場就在該處，並且那裏也曾有合成旅炮兵演訓的紀錄，81集團軍有兩三個合成旅的炮兵營幾乎每年的年度訓練都在張家口黃羊灘。同時黃羊灘也足夠大，炮兵演訓之訓場若沒有一定面積是行不通的。

　　另一方面，報導中井然有序的植被分布也是讓我想到張家口的原因之一，因中央軍委曾在2024年10月20至22日於該處召開「全軍合成訓練現場會」雖印象有點模糊，但依稀記得「那裏的植被似乎跟報導中的很相似」。

該旅位於大同駐地與張家口訓場距離與植被比對。（央視、作者自繪）

3. **對照參照物**：其實進行到這個階段，我幾乎可以確定地點就位於張家口黃羊灘，但若是就這樣結束就太草率了，因目前還處在一個有「心證」而未有「舉證」的階段。所以對照參照物最重要的目的其實是舉證，也就是說服別人及未來的自己，以免未來再出現此地點的地貌時，我們因著淡忘此訓場的相關資訊而懷疑自己在過往的經驗或是做出的結論。

   而對於黃羊灘這種一片開闊且沒有任何建築物的地形，如果要說什麼是最好的參照物，那當然是非山體莫屬。山體具有獨特性，你或許可以找到第二個很像的湖或是海岸線，但幾乎不可能找到有兩個山體的山陵線長得一模一樣。所以我們要做的就是打開Google Earth並輸入黃羊灘訓場的座標，接著把視角轉換為立體（放大後按住Ctrl，再按住滑鼠左鍵並上下滑動）。

   接下來便是使用火眼金睛的時間，若是不確定山體位於何處，可以先左右緩慢拉動環繞訓場一圈以找尋與影片中相似的山體。最後可以得出該山體就位於訓場的東南角，至此就完成了「舉證」的動作。且得出「81集團軍重型合成第七營六旅曾在2025年6月初移地至張家口黃羊灘訓練」的結論。至此，便得出了一則文字報導中不會出現的「公開情報」。

使用Google Earth比對該訓場周邊山體。（央視、Google Earth）

山體對照證明該報導確實攝於張家口黃羊灘。（央視、Google Earth）

12

案例分享（七）：
以榮譽稱號確認部隊駐地

番號、代號、車牌號與榮譽稱號為解放軍單位名稱的四大組成要素（武警無代號），本節要講的是榮譽稱號。

解放軍與武警有超過七成的團級以上單位有榮譽稱號，且幾乎不會重複（有案例，但屬於極少數），也就是說，榮譽稱號之於其意義如同姓名之於人一樣重要，在報導中，各單位也時常拿說出榮譽稱號來告訴公眾其「光榮歷史」，所以榮譽稱號在幫助我們確認單位與駐地上也是個非常實用的素材。

原則上解放軍團級以上單位的榮譽稱號不會重複，但有些榮譽稱號非常相似，在邏輯和判斷上常會誤導研究者，如83集團軍中型第一三一合成旅（32144部隊）一

營一連榮譽稱號為「紅一連」，而「紅一師」榮譽稱號則屬83集團軍中型第一九三合成旅（66188部隊）、79集團軍炮兵旅（31696部隊）榮譽稱號為「董存瑞部隊」，而「董存瑞生前所在連」榮譽稱號則屬78集團軍炮兵旅（65334部隊）六營三連。另有80集團軍重型合成第六九旅（65426部隊）與81集團軍中型合成第一六二旅（71352部隊）榮譽稱號皆為「猛虎勁旅」，此屬個案。透過以上三個案例可發現，用榮譽稱號查找部隊要非常留意細節，若失之毫釐，則差之千里。

榮譽稱號判讀案例：英雄皮旅

Q：央視節目《走進英雄皮旅》報導武警某支隊，請找出其單位。

---➔ 使用工具：微信公眾號、搜尋引擎、Google Earth

央視曾經拍攝過一檔節目叫《戰旗》，這是一檔專門介紹榮譽稱號的節目，最令我感到有趣的，是節目中和中共官媒每次提到部隊榮譽稱號時旁白都會語帶顫抖的那句「為什麼戰旗美如畫？英雄的鮮血染紅了它！」。而現今較常提及榮譽稱號之節目則為《誰是終極英雄》。這算是一檔具有綜藝形式的央視節目，其走訪各個軍營，介紹該單位的軍史給觀眾認識的同時，也會拍攝該單位官兵團康的過程。

本案例為該節目2023年1月8日發布的〈走進英雄皮旅〉，雖節目時間長達近一小時，但如同所有的中國軍事報導，它並不會交代片中部隊的番號、代號和駐地，我們只能知道其為武警某支隊。這時候榮譽稱號就派上用場了。

《誰是終極英雄》於2023年1月8日發布的〈走進英雄皮旅〉。（央視網頁）

解題思路：

1. **以榮譽稱號限定地理範圍**：首先透過搜尋引擎查找榮譽稱號，我在這裡使用的是微信公眾號，它與一般搜尋引擎不同之處在於：許多解放軍單位都有自己的公眾號，但未必都有微博號，所以微信公眾號上的解放軍相關貼文並不會比百度或是微博等中國境內平台少，甚至有時還比較多。而依照中國方面的規範退伍軍人在公眾領域談及自己服役過的單位時，不能說出番號與代號，所以他們通常會用榮譽稱號來代稱，這也是我們要查找的對象。

　　搜尋後，可發現有數條結果可幫助我們限定範圍。第一條搜尋結果出自大別山紅色電影展覽館，發布日期為

2024年7月14日，內容提到：「7月13日上午，駐無錫市原181師83118部隊（英雄皮旅）的七名戰友……」，由此可知，「英雄皮旅」的前身為181師，代號為83118部隊，且駐於無錫市。但畢竟是前身，故存在著搬遷的可能，所以我們還需再一條搜尋結果以幫助二次確認。

第二條搜尋結果出自無錫市錢橋中學，發布日期為2022年8月23日，內容提到：「8月21日上午，錢橋中學三十多名師生代表乘車前往武警某支隊……來到展館二樓，毛澤東主席的題詞『皮有功，少晉中』首先映入眼簾。講解員為我們詳細解釋了題詞中的深刻寓意以及部隊『英雄皮旅』名稱的由來。」由此可確認該單位駐地仍在無錫。

微信公眾號可作為搜尋引擎來使用。（微信頁面）

2. 於限定範圍內檢查軍營，並地理定位報導畫面：將範圍限定於無錫市後，接著要做的就是確認無錫市內的所有軍營並比對何者與片中相符，而關於解放軍軍營的視覺

特徵再前文已有描述，就不再說明。

　　經過在無錫市的反覆查找與確認可知，「英雄皮旅」的駐地位於無錫市濱湖區大池路王巷230號，番號為武警第二機動總隊機動第一支隊。

「英雄皮旅」駐地之地理定位。（央視、Google Earth）

13

特別收錄（一）：
熟能生巧，時間的饋贈

　　央視發布的影片是研究解放軍公開情報的重要來源，但中國的軍事報導既不會說出被報導部隊的單位番號，也不會說出具體的地理位置，而通常以某戰區或是某軍種概括稱之。這也是為何「地理定位」在解放軍公開情報研究中占比如此大的原因。

　　我們在前面幾節的解題思路中可以看到：要定位一張影像，無非是找到可限定其範圍的「參照物」，這裡的「參照物」可以是一個招牌、可以判斷大致地區的地貌（例如廣西的峰林），或是可以判斷單位性質的徽章。目前也告訴大家多種地理定位的方式，但必須說，公開情報最有用的方式仍是「時間」。

上述的種種案例皆為單一資訊，也就是單一報導的處理。但在許多時候，一項結論的產生可能需要過往的相關資訊與之互相證明，否則該結論就無法產生。這就好比你時常會走錯某條四面八方都長得很像的岔路，但若你選擇每天走它，走錯的機率就會降低。你會經歷一個從需要看手機導航才能走對路，一直到一邊想事情也能走對的過程，認路是如此，相信任何專業，包含公開情報亦如是，此為「時間的饋贈」。

　　我想舉出一個我在2023年8月17日發布的案例，此為央視報導中泰兩軍的「突擊-2023」陸軍聯合訓練，中泰兩軍在每年皆會有聯合演訓，但都是於不同場地遂行。所以找到每一次的演訓地點與解放軍單位，對研究中國軍事外交有一定的重要性。

「中泰「突擊-2023」陸軍聯合訓練報導影像。（央視）

Q：央視報導中泰兩軍聯合訓練，請找出移訓地點。

解題思路：

1. **過往的記憶與資訊幫助確認**：看到該報導時其實已有心證，此心證是基於74集團軍在此報導六個月前的2月15日受到之報導過一次，該報導中出現過與該圖像相近的建築與街景。且該報導有指出報導對象為74集團軍特戰旅，加之中泰演習報導中有出現解放軍特種部隊徽章，可相信兩個報導所指涉的單位很可能為同一個。

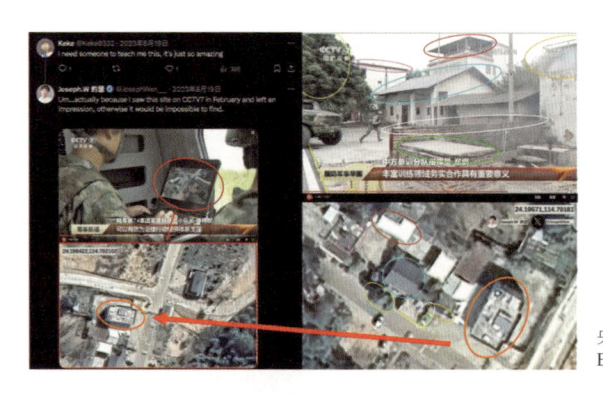

（X平台截圖、央視、Google Earth）

一般人都只有看到地理定位的「成品」，以致許多不熟悉該題材的人會覺得實在是太神了，殊不知參照物的確認不過是分析的最後一環。
（X平台截圖、央視、Google Earth）

134

2. **再次確認地點**：雖有基於歷史經驗的心證，但仍需地理定位已提出實質證據。我們可從Google Earth中找到與畫面相同的藍色屋頂矮房，由此可證中泰演習報導中的解放軍單位確實為74集團軍特戰旅，且該街道就位於其營區東側。

中泰「突擊-2023」陸軍聯合訓練地理定位（左）與先前於同樣地點的定位經驗（右）。（央視、Google Earth）

　　許多公開情報工作者不會告訴大眾的是：其在實施地理定位時其實百分之七十以上是依賴他在該分析題材上的經驗法則。只是一般人都只有看到地理定位的「成品」，以致許多不熟悉該題材的人會覺得實在是太神了，殊不知參照物的確認不過是分析的最後一環。這並不意味著參照物比對不重要，反之，其作為「最終確認」角色，驗證著前面自限定範圍、先備知識到過往數據的「推測」是否正確。

14

特別收錄（二）：以影像情報觀察中共軍方座位與領導視察

中共政治向來講究層級與排序。每當習近平或中央軍委副主席視察部隊，畫面中的座次、出席名單、通稿中的用語等都會成為中國觀察家們的判斷素材與談資。本節想和讀者分享此類的圖像經驗，並講述影像分析在此部分的應用。

1. 座位圖

《聯合新聞網》曾於2024年12月6日發布過一篇報導，該報導稱「習近平視察軍隊獨坐正中間大桌的安排很罕見」。但事實真的如此嗎？

聯合新聞網截圖。（聯合新聞網）

通常習近平每年會有七至九次「探視」（非官方文稿用詞）部隊行程，央視亦會發布視察之畫面，每當畫面發布，我皆會查看與會人員座位，並繪製成座位圖。

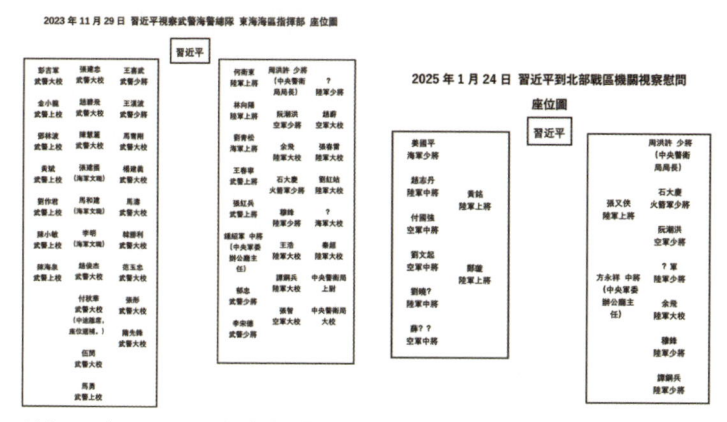

（左）2023年11月29日習近平視察武警海警總隊 東海海區指揮部 座位圖。（作者自繪）
（右）2025年1月24日習近平到北部戰區機關視察慰問 座位圖。（作者自繪）

我想以2023年11月29日習近平視察武警海警總隊東海海區指揮部，以及2025年1月24日習近平到北部戰區機關視察慰問的座位圖為例，我們從此紀錄可以得知，習近平至少在2023年或更早以前的視察部隊座位就已如此安排，因此可判斷「習近平視察軍隊獨坐正中間大桌的安排很罕見」並不符合事實，更不能以此作為其權力不穩的證據。

2. 文稿用語

而關於習近平探視部隊的官方文稿用詞，我想以2023年與2024年為例，因隨著解放軍軍於2023年底與2024年底兩次人事風波的發生（李尚福與苗華），習近平於這兩年的對部隊的「探視」大家應會特別關注。

我們在分類這兩年的數個「探視」上，可按「文稿內容與力度」、「對象」與「座位安排」將其分為「視察」與「接見」兩性質，前者層級、力度高於後者，以下為兩者之比較：

- **視察**：在「文稿內容與力度」上為獨立一篇文稿，「對象」上為單一單位而非多個單位。「座位安排」上，座位為ㄇ字型排列（視察駐澳部隊除外，該次為校閱部隊，無安排座位），習近平一人獨坐中央，習的左手側皆坐中央軍委陪同視察與隨行之幹部；習的右手側皆坐

「被視察」單位之領導幹部。只有在「會議」或是「學習」才會與其他軍委幹部同坐講台上。

● **接見**：在「文稿內容與力度」上非獨立一篇文稿，而是寫於習近平前往某地調研之官方文稿最下方，篇幅為一段。「對象」上為多個單位領導幹部一同受到接見而非單一單位。「座位安排」上為無座位，全體人員站立，聆聽習近平的「問候」後合影，且於地方賓館進行。

> 習近平強調，湖南要更好擔負起新的文化使命，在建設中華民族現代文明中展現新作為。保護好、運用好紅色資源，加強革命傳統和愛國主義教育，引導廣大幹部群眾弘揚優良傳統、賡續紅色血脈，踐行社會主義核心價值觀，培育時代新風新貌。探索文化和科技融合的有效機制，加快發展新型文化業態，形成更多新的文化產業增長點。推進文化和旅遊深度融合，守護好三湘大地的青山綠水、藍天淨土，把自然風光和人文風情轉化為旅遊業的持久魅力。
>
> 習近平指出，推動高質量發展、推進中國式現代化，必須加強和改進黨的建設。要鞏固拓展主題教育成果，建立健全長效機制，樹立和踐行正確政績觀，持續深化整治形式主義為基層減負。組織開展好黨紀學習教育，引導黨員干部學紀、知紀、明紀、守紀，督促領導干部樹立正確權力觀，公正用權、依法用權、為民用權、廉潔用權。
>
> 中共中央政治局常委、中央辦公廳主任蔡奇同考察。
>
> 李干杰、何立峰及中央和國家機關有關部門負責同志陪同考察。
>
> 3月20日上午，習近平在長沙親切接見駐長沙部隊上校以上領導幹部，代表黨中央和中央軍委向駐長沙部隊全體官兵致以誠摯問候，並與大家合影留念。張又俠陪同接見。
>
> （責編：牛鏞、岳弘彬）

「接見」之文稿通常寫於習近平前往某地調研之官方文稿最下方。以2024年3月20日上午習近平接見駐長沙部隊上校以上領導幹部為例。（人民網截圖）

按此標準，習近平2023年與2024年對部隊的「視察」接為六次，但2024年除「視察」外更多了三次的「接見」；相較於此，習近平於2023年的地方調研中並未順道「接見」。而2023年同時也是「二十大」開局之年，視察提到的多是「從政治高度思考和處理軍事問題」與「加強主題教育」；2024年則更多提及「依法從嚴治軍」與「嚴肅查處腐敗和不正之風」。

3. 地理定位

除定位軍營與演訓位置，地理定位也可應用於領導人視察部隊，因央視通常不會告訴觀眾被視察部隊之番號，所以仍有賴於我們對其定理定位以減少迷霧。

圖 習近平於2024年10月17日視察火箭軍六十一基地611旅（96711部隊）。（央視、Google Earth）

	習近平2023年探視部隊			習近平2024年探視部隊		
次數	日期	對象	性質	日期	對象	性質
1	4月11日	南部戰區海軍機關	視察	2月2日	中央軍委國防動員部天津警備區	視察
2	6月7日	中央軍委國防動員部內蒙古軍區	視察	3月20日	駐長沙部隊上校以上領導幹部	接見
3	7月6日	東部戰區機關	視察	4月23日	陸軍軍醫大學	視察
4	7月26日	西部戰區空軍機關	視察	5月23日	駐濟南部隊上校以上領導幹部	接見
5	9月8日	78集團軍機關（31669部隊）	視察	9月12日	駐蘭州部隊上校以上領導幹部和基層先進模範	接見
6	11月29日	武警海警總隊東海海區指揮部	視察	10月17日	火箭軍六十一基地611旅（96711部隊）	視察
7				11月4日	空降兵軍機關（95829部隊）	視察
8				12月4日	信息支援部隊機關	視察
9				12月20日	解放軍駐澳門部隊（75640部隊）	視察

（作者自繪）

有了座位圖、文稿用語以及地理定位後，研究者就能更清晰地判斷與分析。我們再回頭來看以此三要素整理出的表格，可發現在歷經2023年底共軍人事風波後，習似乎有意更多地建立其在軍隊中的威信與軍隊幹部對其的忠誠，此現象尤見於2024年視察火箭軍與信息支援部隊機關：火箭軍與原戰略支援部隊為2023年底風波主角軍兵種，信息支援部隊則為原戰略支援部隊部分單位新組建而來，其也是習近平兩年來唯一一次「探視」的兵種。

　　本書有三部分，第二部分在此告一段落。這裡除給出各方面的例證，亦最大程度還原了當初分析的過程。但這終究只是一件件個案，上文有提及：公開情報是時間積累和拼湊的過程。所以相比於個案，第三部分所要呈現的是一個完整的綜合案例，該部分將以信息支援部隊為研究主題。之所以會選定此主題，是鑑於當今還沒有談及該兵種編制的公開文獻，產生此現象的原因為：原戰略支援部隊與新成立的信息支援部隊之資訊在中國國內所受的審查尤其嚴格（嚴格力度甚至多於火箭軍）以致資訊極其稀少，而本書的撰寫有幸趕上此機遇。第三部分將以公開來源情報為研究方式，呈現信息支援部隊的編制與部署。

43.74614,87.55236

西部戰區空軍 地導第2旅（94175部隊）機關。（Google Earth）

Part 3
解放軍神祕單位首次公開
信息支援部隊的編制與任務導向

1 研究動機與緣起說明

　　自2024年4月19日解放軍信息支援部隊成立以降，針對原戰略支援部隊和解放軍通信單位的解讀和以文字為主之研究所在多有，但在許多方面對其理解尚不夠充分。產生此現象的主要原因為：原戰略支援部隊與新成立的信息支援部隊之資訊在中國國內所受的審查尤其嚴格（嚴格力度甚至多於火箭軍）以致資訊極其稀少，也令許多解放軍研究者在查找上面臨諸多不便。為此，本報告透過當前學術研究成果、文字探勘、公開來源情報（Open Source Intelligence）和多種管道，旨在提供一份詳盡的信息支援部隊百科全書，以增進當前公眾對解放軍信息支援部隊的了解和研究。

「信息」與「資訊」二詞之認知差異

　　信息支援部隊成立後，諸多使用中文之閱聽者常將該兵種番號中的「信息」一詞解讀為「資訊」，亦有分析者基於此認為：信息支援部隊為負責網路工作與資訊戰。筆者認為此為兩岸分治七十餘載以來，對詞彙認知差異產生之誤解。

　　兩岸將「information」在中文上分別譯為「資訊」和「信息」二詞，雖在英語上同字，但從使用上觀察，兩者並不完全相同。根據學者謝清俊與謝瀛春在〈一個通用的資訊（信息）定義〉一文對資訊與信息差異的分析，本文採相同觀點認為，在定義的領會上，「信息」比「資訊」範圍更大亦更廣義。如我們若要向台灣讀者描述有兩位閱聽者同樣收聽到一則廣播時，往往會說「他們透過廣播收到了同樣的資訊」，但若改為「他們透過廣播收到了同樣的信息」相較前者則意義不明。可以說，當前兩岸在詞義的領會上，「資訊」更偏向「information」的「外部形式」，「信息」則偏向「information」的「傳達內容」。

　　可以說，此歸類對於信息支援部隊的探討至關重要，基於兩岸對於「信息」和「資訊」的用法差異，若直接將信息支援部隊番號中的「信息」解讀為「資訊」，容易在對該兵種任務

導向的領會上產生誤判。就著任務導向而言，信息支援部隊為主管通信之兵種，但若草率地以「資訊」稱之，容易產生其為網路作戰、資訊戰部門的錯誤領會。故本報告避免歧義，在探討信息支援部隊時，在論述上仍用「信息」一詞。

目的與展望

本報告中，筆者盡綿薄之力研析、編寫並公開盡可能多的信息支援部隊單位和其相關資訊，包含每個已知單位的番號、代號、符號、地址、座標、人物誌和編制等（如有），研析了大量未經解讀的中國國內原始資料，如大量的地理定位所有信息支援部隊之相關影像、人工人臉識別信息支援部隊領導並撰寫其簡歷、分析含有隱性資訊的非學術中文文獻等……並附上來源，以提供證據與經驗。

希冀本報告起到投礫引珠、拋磚引玉之作用，更多地引發我國與各方解放軍觀察家關注中國人民解放軍近年的信息化建設與實行成效，亦看見公開來源情報之於此研究上的發展潛力。相信報告中多元的呈現，能填補解放軍研究中的部分空白，為研究者提供許多詳細、新的視角和方式，幫助公眾更深入理解中共當局成立信息支援部隊的內在意義。

2

信息支援部隊的成立

戰略意義

1.「4+4」格局

　　2024年4月19日，解放軍信息支援部隊成立，同時，戰略支援部隊番號被撤銷，並「拆分」為軍事航天部隊、網路空間部隊與信息支援部隊，解放軍四軍種（陸軍、海軍、空軍、火箭軍）與四兵種（軍事航天部隊、網路空間部隊、信息支援部隊、聯勤保障部隊）之「4+4」格局成形。

現解放軍四兵種。（作者自繪、聯勤保障部隊臂章來源為維基百科）

2.「信息化」建設

　　「信息化」一詞之於解放軍建軍方針,主要見於2004年6月召開的中央軍委擴大會議,會議提出「必須明確把軍事鬥爭準備的基點放到打贏信息化條件下的局部戰爭」,亦在2004年12月見於中國國務院新聞辦公室發表的《2004年中國的國防》白皮書。2009年基本延續此方針。直至習近平主政,2015年5月26日發表的《中國的軍事戰略》白皮書將「打贏信息化條件下的局部戰爭」調整為「打贏信息化局部戰爭」,其中差異為:

- 「**打贏信息化條件下的局部戰爭**」:主要強調戰爭發生時的環境和條件,著重於信息化技術對戰爭各方面之影響(含指揮、通信、情報和作戰等)。此方針主要將「信息化」視為一「外部因素」,強調的是如何在此條件下獲勝。

- 「**打贏信息化局部戰爭**」:此調整將「信息化」視為主體而非外在,即將其視為戰爭的「核心特徵」,而不僅是「影響戰爭的外部條件」。表明解放軍已將「信息化」視為戰爭的內在要素,開始以增強自身信息技術為戰略思考和發展方向。

3.「戰略支援部隊」為「信息化」建設「投石問路」

　　2019年7月24日之《新時代的中國國防》白皮書在

「打贏信息化局部戰爭」方針基礎之上，更詳細論及「信息化、智慧化戰爭發展趨勢對國防信息科技提出更高要求，組成戰略支援部隊作為信息化戰爭重要保障。」但「機械化建設任務尚未完成，信息化水準亟待提高」判斷2019年前的解放軍信息化建設因軍改組織調整影響，有受到一定拖延。

由此回推，戰略支援部隊可以說為解放軍2019年後「信息化」建設的「投石者」，其主要整合網路系統部、航天系統部、工程維護、電子對抗、信息通信與技術偵察等不同職能於一身，但任務性質卻相差甚遠，在指揮和任務遂行上難以專業化。解放軍陸軍研究院（63936部隊）曾在2023年於《解放軍報》撰文〈統籌網路信息體系建設運用〉，內文提及「網絡信息體系建設運用是一項系統工程、長期任務，貫穿於軍事活動的各環節、各領域。我們必須改變那種系統「煙囪林立」、投入「撒胡椒面」的老路子，打破軍兵種、部門和行業之間的技術壁壘……」，可窺見其雖歷經深化國防與軍隊改革和戰略支援部隊之成立，但部隊通信整合尚無法滿足「打贏信息化局部戰爭」之建軍方向，故將不同單位依「太空」、「網路」與「通信保障」三任務導向分類，可謂解放軍之於「打贏信息化局部戰爭」的部隊專業化調整。

信息支援部隊之特殊性

綜合觀察，信息支援部隊相對其他三兵種有以下若干特殊性：

1.產生形式

相較於同時間成立的軍事航天部隊與網路空間部隊，信息支援部隊有舉行成立大會，其他兩者並無，且在信息支援部隊成立之官方通稿與中國國防部「信息支援部隊成立專題新聞發布會」上的第二個發言人署名「答記者問」中才提及，凸顯信息支援部隊用意明確。而聯勤保障部隊為2016年9月13日成立，亦舉行成立大會，故信息支援部隊成立大會並非四兵種中個案。

2.官宣用語

信息支援部隊成立隔日，《解放軍報》使用一篇〈努力建立一支強大的現代化信息支援部隊〉評論員文章論之，重點提及信息支援部隊之於體系作戰和「二十大」報告的重要性，具中高級輿論力度。軍事航天部隊和網路空間部隊在文中僅在第二段最後論及解放軍軍兵種新格局中提及，同上述「答記者問」，皆為在以信息支援部隊為主軸的論述框架下出現。

中央軍委主席習近平於「信息支援部隊成立大會」中之訓詞：「信息支援部隊是全新打造的戰略性兵種，是統籌網絡信息體系建置運用的關鍵支撐……」其中的「全新打造」一詞，從其過往編制而論，亦非純粹宣傳詞彙。

3.組織架構與機關選址

承上，與信息支援部隊同時成立的軍事航天部隊、網路空間部隊為原戰略支援部隊原下轄航天系統部與網路系統部（32069部隊）獨立而來，不同於此，信息支援部隊則非原戰略支援部隊下轄單一部門獨立而來，其在組織上乃囊括了原戰略支援部隊下轄西藏和新疆軍區的四個通信旅／團，以及正軍級的信息通信基地（61001部隊）、副軍級的戰場環境保障基地（又稱解放軍第三十五試驗訓練基地，代號32020部隊）、三一一基地（61716部隊）、分駐於五大戰區的五個技術偵察基地；正師級的工程維護總隊（61016部隊）與電子對抗第二旅（32090部隊）等。

在機關選址方面，軍事航天部隊、網路空間部隊機關亦同原戰略支援部隊原下轄航天系統部（地址：北京市海淀區北清路26號院，座標：40.072,116.2569）與網路系統部（地址：北京市海淀區青龍橋街道廂紅旗遺光寺社區3號院，座標：40.0057,116.2479）機關，信息支援部隊則繼承了原戰略支援部隊機關（地址：北京市西城區黃寺大

街9號院,座標:39.9654,116.3843)其定位特殊與超然性不言自明,亦可解釋習近平「全新打造」一詞涵義。

4.人事任命

人事任命上,軍事航天部隊司令員、政委為原航天系統部司令員郝衛中中將、陳輝空軍中將;網路空間部隊司令員、政委為原網路系統部司令員張明華中將、韓曉東空軍中將,皆符合副戰區級主官為中將之「慣例」,惟信息支援部隊呈現司令員為中將、政委為上將之高低搭配,更顯其特殊,下章亦會加以討論。

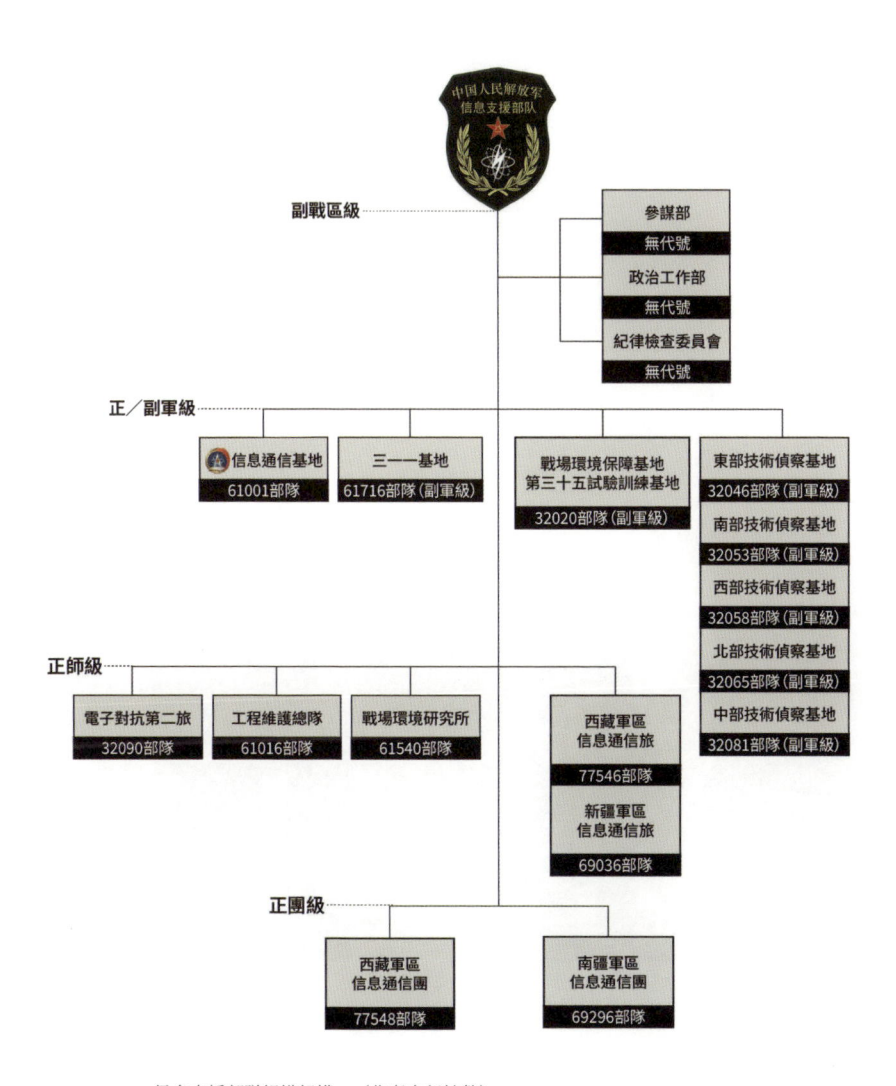

信息支援部隊組織架構

中國人民解放軍信息支援部隊

副戰區級
- 參謀部（無代號）
- 政治工作部（無代號）
- 紀律檢查委員會（無代號）

正／副軍級
- 信息通信基地　61001部隊
- 三一一基地　61716部隊（副軍級）
- 戰場環境保障基地　第三十五試驗訓練基地　32020部隊（副軍級）
- 東部技術偵察基地　32046部隊（副軍級）
- 南部技術偵察基地　32053部隊（副軍級）
- 西部技術偵察基地　32058部隊（副軍級）
- 北部技術偵察基地　32065部隊（副軍級）
- 中部技術偵察基地　32081部隊（副軍級）

正師級
- 電子對抗第二旅　32090部隊
- 工程維護總隊　61016部隊
- 戰場環境研究所　61540部隊
- 西藏軍區信息通信旅　77546部隊
- 新疆軍區信息通信旅　69036部隊

正團級
- 西藏軍區信息通信團　77548部隊
- 南疆軍區信息通信團　69296部隊

信息支援部隊組織架構。（作者自行綜整）

3

信息支援部隊的人事

已知領導與簡歷

易建設、洪磊、王良福、王？（名不詳）、畢毅、李偉與李茂來（由左至右）等信息支援部隊領導於2024年4月19日於信息支援部隊成立大會會後亮相。（央視）

1.司令員：畢毅 中將

畢毅，1965年生於遼寧省丹東市。曾任原瀋陽軍區

某摩步旅旅長、原瀋陽軍區司令部軍訓和兵種部部長、原第四十集團軍參謀長。於2017年任北部戰區七十八集團軍副司令員，於2018年5月官宣任湖南省軍區少將司令員，後歷任中央軍委訓練管理部副部長、陸軍中將副司令員，2024年4月19日於信息支援部隊成立大會會後亮相，任信息支援部隊司令員。

2.政委：李偉 上將

李偉，1960年9月生於河南省濟源市。曾於2012年10月任新疆軍區南疆軍區政委、2013年任原21集團軍（現76集團軍）政委、2014年底至2018年1月任新疆軍區政委、2020年任戰略支援部隊政委。2016年7月31日晉升中將，2020年12月18日晉升上將，2024年4月19日於信息支援部隊成立大會會後亮相，任信息支援部隊政委。

3.李茂來 少將

李茂來，曾任原空軍強擊航空兵某團上校團長、原空軍航空兵第五師（原94590部隊）大校師長、軍改後任北部戰區空軍長春指揮所（93175部隊）大校司令員（至少至2019年8月）、北部戰區副參謀長（至少至2024年2月），2024年4月19日於信息支援部隊成立大會會後亮相。

（左）李茂來少將2024年4月19日於信息支援部隊成立大會會後亮相。（央視）
（中）李茂來少將2024年12月5日於習近平視察信息支援部隊機關時亮相。（央視）
（右）李茂來任原空軍航空兵第五師大校師長期間。（北部戰區空軍政治工作部）

（左）2024年1月27日，李茂來（右一）以北部戰區副參謀長身分出席遼河防汛抗旱總指揮部揭牌暨第一次全體會議。（遼寧衛視）
（右）2019年7月27日，李茂來（中）任北部戰區空軍長春指揮所大校司令員期間至北航總站檢查指導工作。（北方航空護林總站）

4.政治工作部副主任：王良福 少將

　　王良福，2015年10月16日官宣任原成都軍區第13集團軍（現第77集團軍）大校政委（前任為劉誠大校），2016年7月31日晉升少將軍銜；2017年7月31日官宣任72集團軍政治工作部主任，2018年8月13日官宣任東部戰區政工部副主任；2019年11月18日官宣任中國海警局政委，2022年7月26日官宣任原戰略支援部隊政治工作部副主任，2024年4月19日於信息支援部隊成立大會會後亮相，研判任政治工作部副主任。

（左）2015年10月16日，時任原成都軍區第13集團軍政委的王良福大校（右二）至聶榮臻元帥陳列館參觀。（澎湃新聞）

（中）王良福少將任72集團軍政治工作部主任時接受採訪。（央視）

（右）王良福少將2024年4月19日於信息支援部隊成立大會會後亮相。（央視）

5.易建設 少將

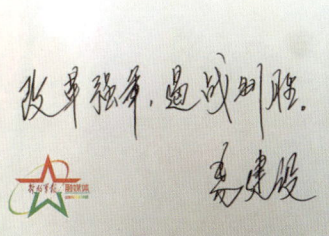

（左）《解放軍報》2016年3月15日發佈易建設少將戎裝照。（解放軍報）

（中）《解放軍報》2016年3月15日發佈易建設「改革強軍，遏戰致勝。」題字。（解放軍報）

（右）易建設少將2024年4月19日於信息支援部隊成立大會會後亮相。（央視）

易建設，1960年6月生，江西省泰和縣沿溪鎮人，國中就讀泰和縣沿溪初級中學。1978年11月入伍，歷任士兵、學員、教員、參謀、連長、某團作訓股股長、某師作訓科參謀與教導隊隊長、原總參工程兵部作戰工程處參謀、原總參兵種部設防工程局參謀、原南京軍區第1集團軍工兵團副團長（代職）、原總參軍訓及兵種部工程兵局之處長

與副局長、原總參工程維護總隊司令員（正師級）等職。2014年7月前調任石家莊陸軍指揮學院副院長（副軍級），2015年9月9日重返原總參機關任原總參某部副部長。2016年3月15日官宣任原戰略支援部隊某部副參謀長，2024年4月19日於信息支援部隊成立大會會後亮相。

　　具碩士學歷，曾參加中共中央黨校經濟管理專業、解放軍軍事科學院戰略研究和北京大學公共管理研究生學習（台灣用語：進修）。

易建設（左）於2017年解放軍建軍九十周年閱兵分列式中任電子偵察方隊領隊。（New China TV）

　　榮譽方面，其2006年被評為「全國軍事設施保護先進個人」，2008年獲中國土木工程學會防護工程特別傑出貢獻獎，2011年被評為「總參軍訓和兵種部基層建設先進個人」。2012年獲原總參軍訓部首屆「礪劍文化建設傑出貢獻獎」，年底被評為「全軍愛軍精武標兵」。2013年被評為「總參踐行強軍目標新聞人物」，2017年解放軍建

軍九十周年閱兵分列式中擔任電子偵察方隊領隊，並於約2023年被軍委機關聘為全軍軍隊文物保護專家組組長。

（左）易建設所著《我在北大聽國學》。（沿溪中學）
（右）易建設所著《我的從軍路》。（沿溪中學）

先後在《解放軍報》、《現代兵種》等中國軍媒發表文章百餘篇，並編有《高技術武器與國防工程》教材，著有《我在北大聽國學》與《我的從軍路》；創作有《你聽我說》、《部隊安全之歌》、《學員之歌》等歌曲共十一首。

（左）易建設於2022年6月22日至故鄉泰和縣舉行之將軍講壇（第二講）暨縣委理論學習中心組（擴大）集體學習，並以《貫徹落實總體國家安全觀 堅決維護國家安全與統一》為主題進行宣講。（吉安市委統戰部）
（右）易建設少將（中）於2022年11月15日至泰和縣藍天救援隊調研，縣緊急管理局副局長歐陽明荃（左一）陪同調查。（泰和縣藍天救援隊）

6.陳中祥 少將

陳中祥,湖北省黃岡市蘄春縣劉河鎮人,2020年1月後晉升少將軍銜(具體時間不詳),先前於中央軍委聯合參謀部任職。2024年12月5日於習近平視察信息支援部隊機關時亮相,座次為第一排(習近平右側排)右一。

陳中祥少將(左一)2024年12月5日於習近平視察信息支援部隊機關時亮相。(央視)

陳中祥曾於2020年1月末捐款2000元人民幣予其家鄉湖北黃岡市蘄春縣劉河鎮整治疫情。(蘄春縣融媒體中心)

7. 洪磊 少將

2024年12月5日於習近平視察信息支援部隊機關時亮相，簡歷不詳。

洪磊少將2024年12月5日於習近平視察信息支援部隊機關時亮相。（央視）

巨乾生先前長期未公開露面

原戰略支援部隊司令員巨乾生自2023年8月解放軍建軍96周年招待會起，有近半年的時間都未再露面，直至2024年1月29日的「軍隊在京全國人大代表第四視察組赴貴州集中視察座談會」與3月5日的「十四屆全國人大二次會議解放軍和武警部隊代表團成立大會」才露面，該場座談會的視察組由來自中央軍委紀委監委、原戰略支援部隊、國防大學的代表組成。會中巨乾生與兩名退役將領（曾任戰略支援部隊政委的鄭衛平，以及曾任軍紀委專職副書記的駱源）比鄰而坐，但鄭衛平和駱源都已退休並至人大任職。

（左）巨乾生（黃圈內）出席2024年1月29日的「軍隊在京全國人大代表第四視察組赴貴州集中視察座談會」，與鄭衛平（中）和駱源（左）比鄰而坐。（貴州人大）

（右）巨乾生（黃圈內）出席2024年3月5日的「十四屆全國人大二次會議解放軍和武警部隊代表團成立大會」。（央視）

可能，或至少在2024年1月29日就已非原戰略支援部隊司令員，不久後原戰略支援部隊番號撤銷與信息支援部隊之成立，也說明了為何中央軍委在巨乾生離開司令員崗位後並無再任命新的司令員。

政治委員之任命

信息支援部隊成立，人事上一亮點為其司令員為前戰略支援部隊副司令員畢毅中將、政治委員則為前戰略支援部隊副政治委員李偉上將。作為一副戰區級兵種，究制度化因素而論，其司令員與政治委員應同為中將，但目前現象為繼續任用李偉上將，此處便生疑問：何種原因使中央軍委寧有違副戰區級部隊之司令員、政委皆為中將的制度化因素繼續任用李偉？

在解放軍雙首長制度中，軍事主官與政治主官通常軍銜相同，但近年在其基層單位中，仍存有政治主官軍銜大於軍事主官之少量「個案」，如73集團軍中型第一四五合成旅（75222部隊）六旅，其營長李金虎中校最初於2023年8月16日以少校軍銜於央視露面，後於2024年10月21日報導顯示其晉升中校，與該營教導員程藝州中校軍銜變為相同即為一例。信息支援部隊政治主官軍銜高於軍事主官，除再次體現「以黨領軍」之特性、亦顯習近平對李偉之信任。

習近平視察信息支援部隊機關

2024年12月4日，習近平視察信息支援部隊機關，談及「新一輪科技革命和軍事革命迅猛發展，戰爭形態加速演變，網路信息體系在現代戰爭中的地位作用空前凸顯。」再次強調了當前解放軍建軍中完善通信保障體系的重要性。

相較2023年，習近平在2024年對部隊的探視多了許多，2023年共「視察」部隊六次；2024年則「視察」部隊六次、「接見」三次，共九次的「視察」與「接見」，而視察信息支援部隊順序排在九次當中的第八次。此為自

2023年來，習近平唯一一次視察的解放軍兵種，可見其對信息支援部隊的重視。

該視察亦有可留意之處：在2024年4月19日於信息支援部隊成立大會會後亮相的部隊領導王良福少將未列席。事發在在前中央軍委政治工作部主任苗華2024年11月28日遭停職檢查之際，更加引人疑竇且值得觀察。

4
信息支援部隊的特性與任務導向

回顧：先前通信工作的遂行

　　論到信息支援部隊，必定論其主要組成——信息通信基地下轄之各戰區信息通信旅與信息通信團。2015年12月31日原戰略支援部隊成立以先，現信息通信基地下轄之各戰區信息通信旅為各軍區陸軍下轄；信息通信團則為各軍區機關下轄。

　　各軍區通信業務亦分「軍區機關」與「軍區聯指中心」兩面：軍區機關通信業務由其下轄之信息通信團負責，並有三個營：第一營負責話務（可通俗的理解為軍區下轄單位和軍區機關的「軍線客服」，設有「電話站」且24小時在線輪班，有時部分領導亦會依個人喜好指定話務

員，故話務員也分級別。），第二營負責後勤保障工作，第三營為通信保障工作。在戰略支援部隊和五大戰區成立後，信息通信團編制上從軍區機關下轄改為戰略支援部隊信息通信基地下轄，但仍負責所處戰區之機關通信業務，業務範圍隨軍區改為戰區而擴大，但性質上不變。

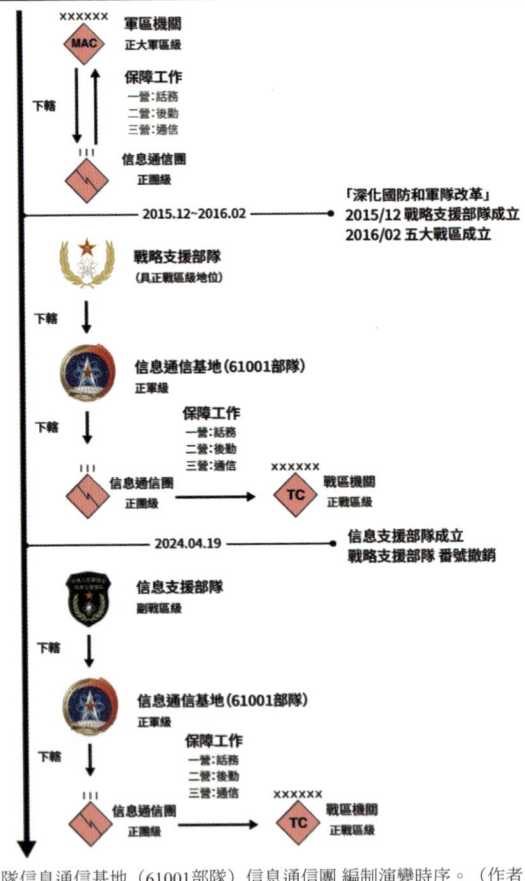

信息支援部隊 信息通信基地(61001部隊) 信息通信團 編制演變時序

軍區機關 (MAC) 正大軍區級
　下轄
　保障工作
　　一營：話務
　　二營：後勤
　　三營：通信
信息通信團 正團級

2015.12~2016.02 「深化國防和軍隊改革」
2015/12 戰略支援部隊成立
2016/02 五大戰區成立

戰略支援部隊 (具正戰區級地位)
　下轄
信息通信基地(61001部隊) 正軍級
　下轄
　保障工作
　　一營：話務
　　二營：後勤
　　三營：通信
信息通信團 正團級 → 戰區機關 (TC) 正戰區級

2024.04.19 信息支援部隊成立
戰略支援部隊 番號撤銷

信息支援部隊 副戰區級
　下轄
信息通信基地(61001部隊) 正軍級
　下轄
　保障工作
　　一營：話務
　　二營：後勤
　　三營：通信
信息通信團 正團級 → 戰區機關 (TC) 正戰區級

信息支援部隊信息通信基地（61001部隊）信息通信團 編制演變時序。（作者自繪）

軍區指揮中心通信業務則由軍區參謀部通信大隊負責，戰略支援部隊和五大戰區成立後，番號更為戰區聯合參謀部信息保障局通信分隊（據悉為團機關編制，但人員編制規模未達團級），仍負責戰區聯指中心通信業務，工作性質未變，亦未因信息支援部隊成立而有變動。

戰區聯合參謀部 信息保障局 通信分隊 編制演變時序

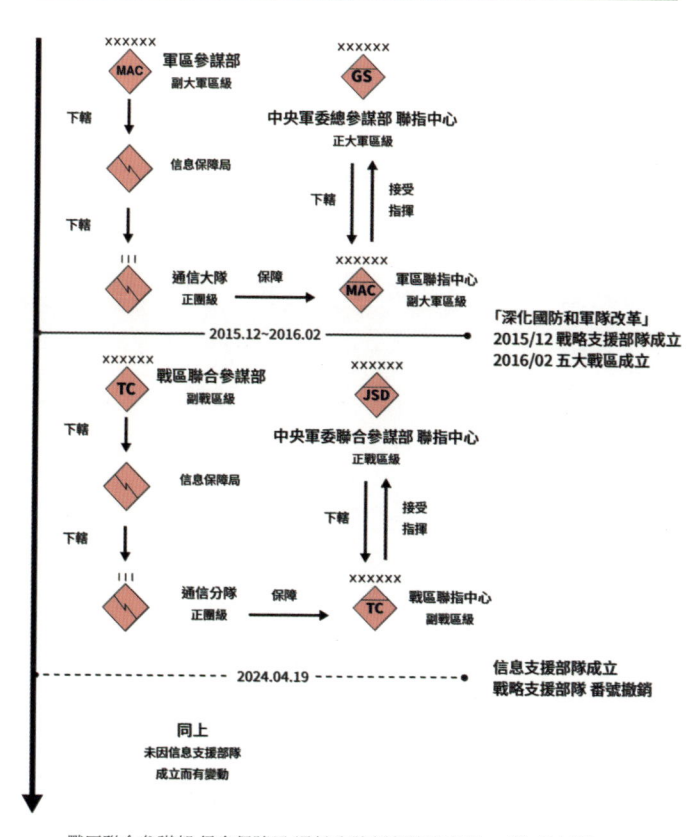

- MAC 軍區參謀部（副大軍區級）
  - 下轄 → 信息保障局
  - 下轄 → 通信大隊（正團級）— 保障 → 軍區聯指中心（副大軍區級，MAC）
- GS 中央軍委總參謀部 聯指中心（正大軍區級）
  - 下轄／接受指揮 ↔ 軍區聯指中心

2015.12～2016.02
「深化國防和軍隊改革」
2015/12 戰略支援部隊成立
2016/02 五大戰區成立

- TC 戰區聯合參謀部（副戰區級）
  - 下轄 → 信息保障局
  - 下轄 → 通信分隊（正團級）— 保障 → 戰區聯指中心（副戰區級，TC）
- JSD 中央軍委聯合參謀部 聯指中心（正戰區級）
  - 下轄／接受指揮 ↔ 戰區聯指中心

2024.04.19
信息支援部隊成立
戰略支援部隊 番號撤銷

同上
未因信息支援部隊成立而有變動

戰區聯合參謀部 信息保障局 通信分隊 編制演變時序。（作者自繪）

各戰區聯指中心通信業務由戰區信息保障局通信分隊負責，圖為西部戰區信息保障局通信分隊（78118部隊）與其衛星圖。（Google Earth）

　　信息通信旅在「深化國防與軍隊改革」前，番號為各軍區機關下轄之「通信總站」，除保障軍區機關與下轄部隊之通信外，亦保障軍區陸軍機關與下轄部隊、軍區陸軍機關與下轄部隊與部隊間之通信，同時也負責維護軍區內的國防光纜。在2016年2月五大戰區成立後，原軍區下轄「通信總站」正式改為戰區下轄「信息通信旅」，「信息通信旅」一詞首見於《中國軍網》於2017年8月31日之報導，描述「老兵離隊的日子一天天臨近，在臨別之際，西部戰區某信息通信旅三營組織開展「留一封信給即將入伍的『你』」活動……」表明信息通信旅已存在，且為戰區機關直屬。直至2017年底戰略支援部隊信息通信基地位於北京市豐台區長辛店鎮辛莊村之機關完工，信息通信旅才從暫時的戰區下轄改為信息通信基地下轄。

在此階段，通信總站歷經改編為信息通信旅、原軍區下轄改為戰區下轄，但在保障以「陸軍」為主的戰區下轄部隊方面仍未有重大改變。直到如無人機旅、遠火旅等新單位成立與基層通信設備更新換代乃至信息支援部隊之成立，信

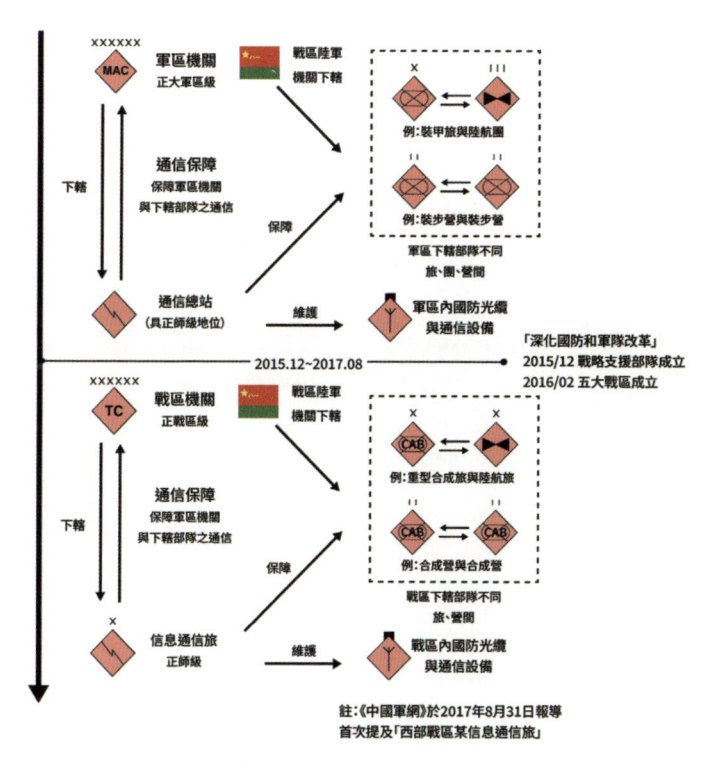

信息支援部隊 信息通信基地（61001部隊）信息通信旅 編制演變時序。（作者自繪）

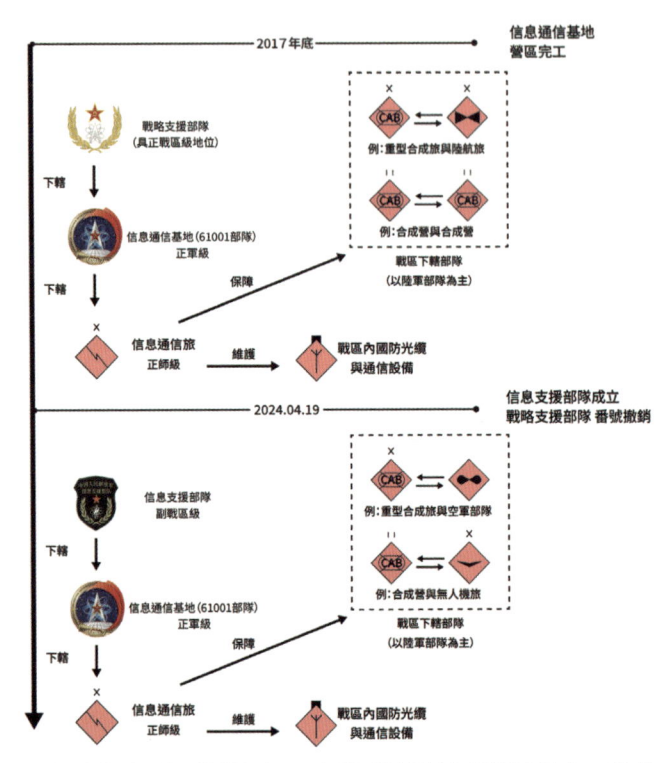

信息支援部隊 信息通信基地（61001部隊）信息通信旅 編制演變時序。（作者自繪）

息通信旅於公開報導中才開始大量出現支援不同軍種部隊間的通信保障任務，故相較於信息通信團主責戰區機關通信保障，信息通信旅的任務範圍也更為廣大且繁雜。

目的：為增進「聯」合作戰，亦為陸軍「減負」

　　現信息支援部隊單位過往編制於戰略支援部隊時，其車牌編碼規則類似於集團軍合成旅，在單位標示上呈現兩英文字母加上兩阿拉伯數字之組合。前兩碼英文字母為漢語拼音，第一及第二字母分別意涵「軍種」與「單位性質」（合成旅的第二個英文字母意涵「戰區」，信息支援部隊在此規則上與其不同），如下圖所示西部信息通信旅（78156部隊）之車牌，「L」與「T」兩字母分別意涵「陸軍」與「通信」。

　　再按信息通信旅過往隸屬陸軍與先前在前戰略支援部隊編制中的遂行任務方式，可知其在很大程度上（至少在信息支援部隊成立以先）仍主要是為陸軍部隊服務，如且編制與導向非常類似於戰區陸軍直屬信息保障旅。總的來說，信息通信旅於戰略支援部隊成立後，在保障部隊通信的工作上仍沒有擺脫陸軍本位思維，加之戰略支援部隊職能過於繁雜，雖信息通信單位轉隸，但在達到助力聯合作戰的需求上仍過於緩慢，故拆分戰略支援部隊有助於信息通信旅更快達到聯合作戰所需的通信保障需求。

信息支援部隊西部信息通信旅（78156部隊）唐古拉山哨所（左）之車牌（全信息支援部隊通用），攝於2018年。很好的說明信息通信旅／團先前在戰略支援部隊內雖獨立陸軍之外，但在運用思維上仍屬陸軍，在信息支援部隊成立後，此現象是否有變值得關注。（央視、Google Earth）

2019年11月，成都旃檀小學參訪西部信息通信團（78167部隊）合影，顯示該團車牌號為TXT-72xx（最後兩碼為車輛流水號），其中「TXT」為「通信團」一詞漢語拼音。（新都區旃檀小學校）

現象：按遂行任務之小、散、遠特性劃分編制

　　信息支援部隊編制中，編制規模最為龐大、也可以說是其主要組成的，即為信息通信基地（61001部隊）與工程維護總隊（61016部隊）乍看之下此兩單位性質完全不同，尤其工程維護總隊，若單就任務性質而論，實在難以

將其與信息支援部隊其他單位的通信、電子戰性質歸類一起。

但細查兩者共通點，可發現它們在分佈上皆具有小、散、遠特性，如信息通信基地之各戰區信息通信旅／團所下轄為數眾多的通信哨所（維護全國各地國防光纜）與工程維護總隊之各戰區工程維護大隊下轄的無數個工程維護哨所，許多皆位於荒山野嶺之中，這些哨所規模都很小，絕大部分都為連級，目前在公開資訊中規模最小的為排級。

故維護對象雖不同（信息通信基地通信哨所主責國防光纜維護與工程維護總隊之哨所則維護各軍營基礎設施），但在佈署上的特性一致，相信此為中央軍委將工程維護總隊劃分於信息支援部隊的原因，也說明了此劃分除以各單位的任務性質為標準外，佈署上的特性亦在考量之內。

而信息支援部隊因涉及國防光纜與軍用基礎設施維護，故相較其他軍兵種更具小、散、遠特性，加之國防光纜亦與民間設施高度重疊，這也使其在經營軍地關係和雙擁工作的實行上更為重視。

北部信息通信旅（31401部隊）某連寫予赤峰市紅山區退伍軍人事務局之感謝信（上）與合影（下），凸顯信息支援部隊光纜維護哨所生活資源成本高，相較其他軍兵種，對軍地關係有較高依賴性。（赤峰市紅山區退伍軍人事務局）

5

編制與部署（一）：信息通信旅、通信營、西藏與新疆軍區直屬通信旅／團

　　信息支援部隊不同於軍事航天部隊與網路空間部隊皆為原航天系統部與網路系統部等單一部門獨立而來，其重新集成了原戰略支援部隊信息通信基地與直屬西藏、新疆軍區通信旅／團等通信、電子戰單位。故依據部隊性質導向，當前已知信息支援部隊之下轄單位主要有正軍級的信息通信基地（61001部隊）以及正師級的電子對抗旅、工程維護總隊（61016部隊），另有直屬的新疆軍區與西藏軍區通信旅和通信團。通信旅和通信團的通信兵有報務、衛星通信、應急通訊、配線、光纖電纜、電源、巡線、光端八種專長。

信息支援部隊通信旅／團通用徽章。（北部戰區）

信息通信旅

1. 下轄營編制

　　信息通信旅／團為信息支援部隊通信基本組成，因解放軍原戰略支援部隊資訊相對較少，故吾人僅能使用有限之開源情報推論其編制：信息通信旅的基本組成包含三個機動通信營、四個負責該旅所屬戰區／軍區內國防光纜維護的通信營、一個技術支援營與勤務保障營，另有教導隊與新兵團（連級單位），但這兩者為依需求（如新兵入伍，有接訓需要）而臨時編成。

2017年，中部戰區信息通信旅（66389部隊，信息通信基地下轄）組織全體官兵收看十九大開幕式，其新兵團、技術支援營、教導隊分會場。（央視）

176

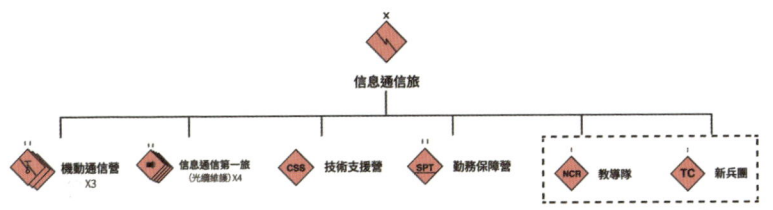

信息通信旅概略編制，教導隊與新兵團（虛線框內）為依需求臨時編成。（作者自繪）

2.旅科層編制

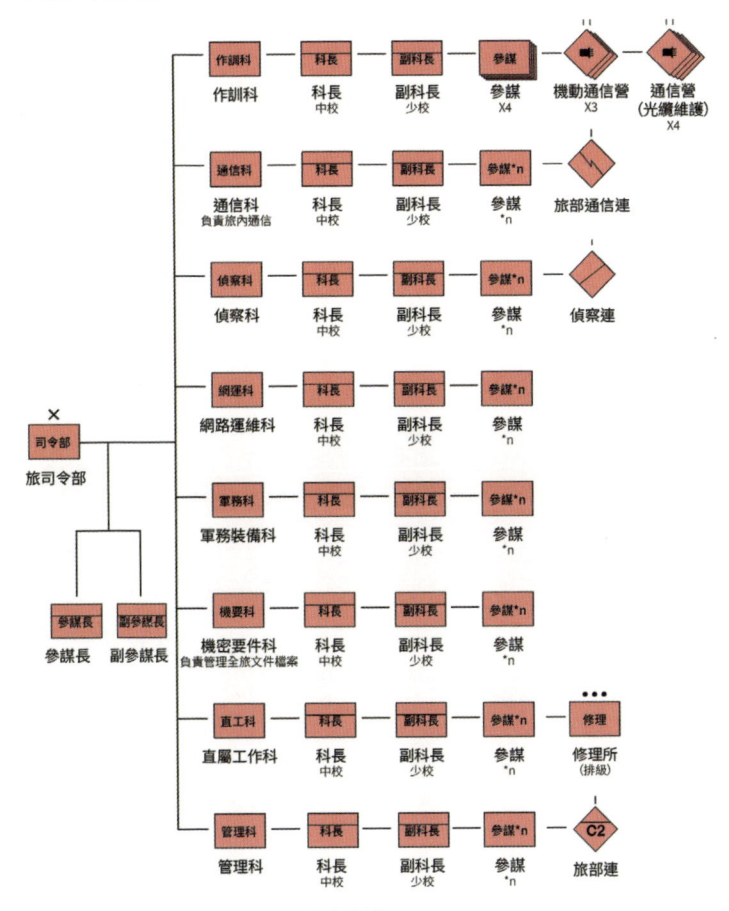

信息通信旅司令部科層編制圖。（作者自繪）

同戰區陸軍直屬通信旅，信息通信旅旅機關設司令部、保障部、政治工作部，司令部下設作戰訓練科、通信科、偵察科、網路運維科、軍務裝備科、直屬工作科與管理科。通信旅下轄的通信營皆歸屬作戰訓練科。

　　信息通信團按其層級，司令部下設為股，無科編制，故讀者只需將所附科層編制圖之「科」改為「股」，「科長」改為「股長」，並相應調整其軍銜即可。

通信營

1.通信營編制與下轄連之性質

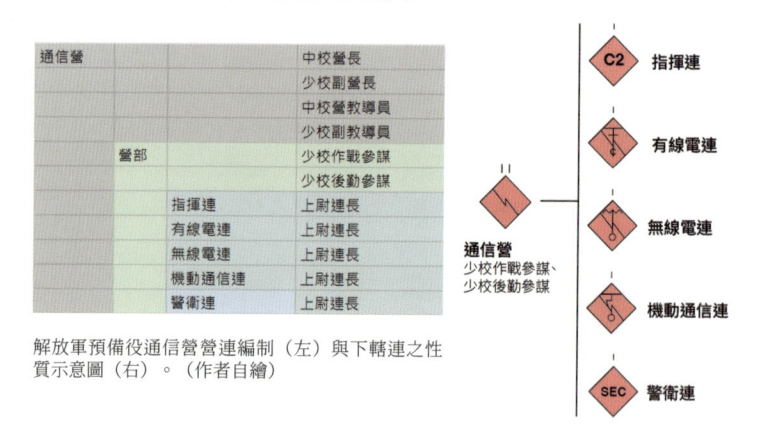

通信營		
		中校營長
		少校副營長
		中校營教導員
		少校副教導員
	營部	少校作戰參謀
		少校後勤參謀
	指揮連	上尉連長
	有線電連	上尉連長
	無線電連	上尉連長
	機動通信連	上尉連長
	警衛連	上尉連長

解放軍預備役通信營營連編制（左）與下轄連之性質示意圖（右）。（作者自繪）

　　通信營下轄連之種類，可從預備役通信營知曉一二，參照上圖，可知解放軍通信營下轄指揮連、有線電、無線電與通信接力連（又可稱作機動通信連）四性質，依照過

往報導,一個通信營至多曾出現至「八連」番號,故相信其連數量的多寡同通信營,並因不同地域之幅員與任務需求而有所增減,若涉及國防光纜維護則更可能如此,因不同地域國防光纜的分布密集度亦不同。

不同的信息通信旅與通信團,其下轄通信營數量會因不同地域之幅員與任務需求有所不同。但理論上一般下轄七至八個通信營,通信營亦分為兩類:負責戰區聯指中心與其下轄部隊通信保障的機動通信營,以及維護戰區內國防光纜的通信營。

2.機動通信營

信息通信旅/團之機動通信營車輛(央視)

機動通信營之職能,即作為通信節點保障戰區部隊與戰區聯指中心之通信無虞,其裝備通信方艙車、衛星通信車(《解放軍報》曾提及西部通信團於2016年換裝某新型衛星通信車)、微波接力機、衛星箱型終端機、通訊電台、指揮信息系統(至小聯通營級指揮所)、5G北斗圖

傳系統、無人機通信保障系統等相關硬、軟體，並通常以連、至小以排為單位實施戰術級通信保障任務，為在戰區部隊與戰區聯指中心之間擔任大延伸節點、小延伸節點、數位微波終端台等角色，符合其任務之小、散、遠之特性。

3.光纜維護通信營

負責國防光纜維護之通信營，雖名稱與機動通信營相似，但在任務上卻有本質區別，相較後者，負責國防光纜維護之通信營為定點性質，其皆以連為單位，分駐於所屬戰區／軍區各處哨所，其哨所數量可能相當龐大，而一個哨所負責之維護範圍，最廣可達方圓數百公里。

解放軍國防光纜亦分為地下光纜和架空光纜兩種性質，大部分光纜為前者，尤其在人口密集區域更是如此，惟在西部戈壁灘等無人區面積較大地區，後者才較常見，據解放軍官兵所述，於高原之地下光纜常因凍土而不便開挖（中國西部高原之國防光纜通常埋設於地下35至45公分），進而導致維修困難，故有時會於地下光纜上方燃燒牛糞溶化凍土，再挖出光纜線路接頭盒遂行維修。而位於人口密集區之地下光纜亦會隨城市開發與道路工程等受到耗損或破壞，故解放軍單位在近年也加強了相關宣導，包含使用警告牌、軍地聯合宣導等。

（左）西部信息通信旅（78156部隊）唐古拉山哨所官兵於地下光纜上方燃燒牛糞溶化凍土，以便維修地下光纜。（央視）

（右）原戰略支援部隊某部於2023年5月17日開展「保護光纜、人人有責」宣導活動。（新聞畫面）

（左）火箭軍六十二基地六二四旅於儋州營區外的地下國防光纜標柱，解放軍地下光纜埋設點皆設有此類標柱。

（右）西部信息通信旅（78156部隊）唐古拉山哨所官兵打開地下國防光纜接頭盒。（央視）

一名南部信息通信旅（75841部隊）60分隊四營五連的有線兵遂行架空光纜維護。（央視）

信息支援部隊直屬西藏、新疆軍區通信旅／團

信息支援部隊直屬通信旅／團示意圖（本圖僅呈現直屬通信旅／團，非信息支援部隊所有直屬單位）。（作者自繪）

　　西藏與新疆軍區通信旅／團為信息支援部隊直屬，負責所在軍區指揮中心對該戰區所屬部隊之信息通信保障任務，功能同信息通信基地下轄之通信旅／團。

1. 信息支援部隊直屬西藏軍區信息通信旅

- 代號：77546部隊
- 地址：西藏自治區拉薩市城關區金珠西路108號
- 座標：29.648,91.0501
- 人物：參謀長：肖慧 上校

西藏軍區信息通信旅（77546部隊）參謀長肖慧上校（黃圈內）於2023年9月26日下午出席拉薩那曲第一高級中學2022級學生軍訓總結報告大會。（拉薩那曲第一高級中學）

2.信息支援部隊直屬西藏軍區信息通信團

- 代號：77548部隊
- 地址：西藏自治區日喀則市桑珠孜區
- 座標：29.285,88.8815
- 人物：副團長：康金山 中校
- 車牌號：LS67

西藏軍區信息通信團（77548部隊）2025年1月支援日喀則定日縣震災通信搶通工作，其車牌號為LS67。（永不消逝的電波PLA）

3.信息支援部隊直屬新疆軍區信息通信旅

- 代號：69036部隊
- 地址：新疆自治區庫爾勒市鐵門關路
- 座標：41.7813,86.1549
- 人物：某營副營長：張艷鋒 少校

　　　　司令部某股股長：王劍 少校

　　　　正營級助理工程師：傅德勝 少校

（左）新疆軍區信息通信旅（69036部隊）某營副營長張艷鋒少校。（解放軍報）
（右）新疆軍區信息通信旅（69036部隊）助理工程師傅德勝少校。（平江縣人民政府）

4.信息支援部隊直屬新疆軍區南疆軍區信息通信團

- 代號：69296部隊
- 地址：新疆自治區喀什地區疏勒縣解放西路3號院
- 座標：39.4031,76.0424

6

編制與部署（二）：信息通信基地

信息通信基地

- 代號：61001部隊
- 地址：北京市豐台區長辛店鎮辛莊村
- 座標：39.8656,116.144

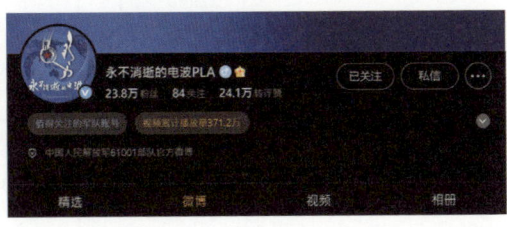

（左）信息通信基地（61001部隊）基地徽。
（右）信息通信基地官方微博「永不消逝的電波PLA」。（微博截圖）

　　信息通信基地成立於2010年7月19日，為正軍級單位，前身為總參謀部信息化部，目前主要下轄兩個直屬信

息通信旅與五大戰區各一個通信旅及一個信息通信團（山東省因地域與其他北部戰區區域未相連，故北部戰區比其餘四個戰區多一個團），負責所在戰區聯指中心對該戰區作戰部隊之信息通信保障任務，主要包含機動通信和國防光纜維護兩種單位。亦有官方微博帳號「永不消逝的電波PLA」（上頁左圖）。

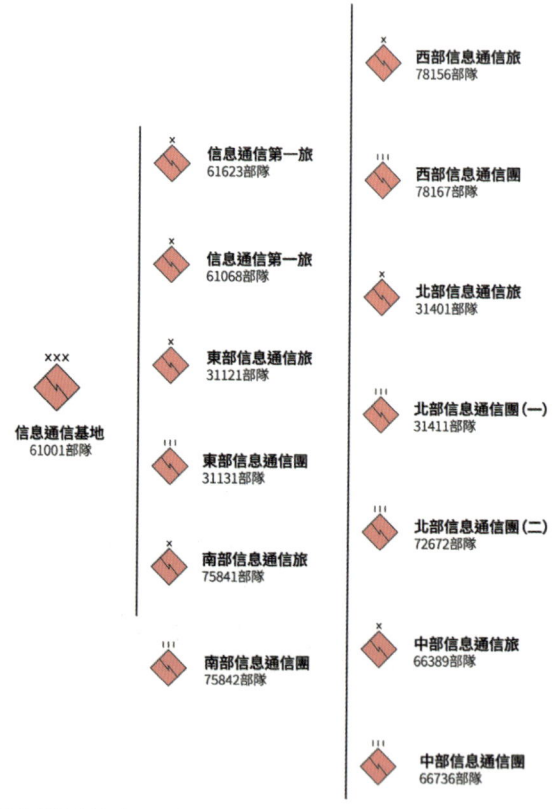

```
信息通信基地                信息通信第一旅         西部信息通信旅
61001部隊                   61623部隊             78156部隊
                                                  西部信息通信團
                            信息通信第一旅         78167部隊
                            61068部隊
                                                  北部信息通信旅
                            東部信息通信旅         31401部隊
                            31121部隊
                                                  北部信息通信團（一）
                            東部信息通信團         31411部隊
                            31131部隊
                                                  北部信息通信團（二）
                            南部信息通信旅         72672部隊
                            75841部隊
                                                  中部信息通信旅
                            南部信息通信團         66389部隊
                            75842部隊
                                                  中部信息通信團
                                                  66736部隊
```

信息通信基地（61001部隊）下轄通信旅／團，除第一、第二通信旅外，其他通信旅／團皆分駐於五大戰區。（作者自繪）

信息通信基地（61001部隊）營區承建方為榮氏集團金力特公司，圖為竣工後承建人員同其合照。

信息通信基地（61001部隊）營區衛星影像（座標：39.8656, 116.144）。（Apple Maps）

1.信息通信基地直屬信息通信第一旅

前身為總參第一通信總站，代號不變。

● 代號：61623部隊

● 地址：北京市昌平區陽坊鎮沙陽路10號院

● 座標：40.1272,116.1423

● 人物：政委：張存學 大校

田寶印 上校（駐長途電話站）

何靜 上校（駐長途電話站）

二營營長：段承放 中校

信息通信第一旅 長途電話站

信息通信第一旅 長途電話站

代號：無
地址：北京市海淀區萬壽路甲27號
座標：39.9005,116.2918
備註：前身為總參第一通信總站第3團（61416部隊）長途電話站（61416部隊）

信息通信第一旅 新兵營

代號：無
地址：北京市房山區竇店鎮望楚（同21、31分隊）
座標：39.655,116.0738

信息通信第一旅 二營一連 (21分隊)

代號：無
地址：北京市房山區竇店鎮望楚（同新兵營、31分隊）
座標：39.6567,116.0742

信息通信第一旅 31分隊

代號：無
地址：北京市房山區竇店鎮望楚（同新兵營、21分隊）
座標：39.6567,116.0742

信息通信第一旅 32分隊

代號：無
地址：北京市海淀區雙槐樹村387號
座標：39.9390,116.2482

信息通信第一旅（61623部隊）政委張存學大校（左）、田寶印上校（右）。（新聞畫面）

信息通信第一旅（61623部隊）何靜上校（左）、二營營長段承放中校（右）。（新聞畫面）

信息通信第一旅（61623部隊）於北京市昌平區陽坊鎮沙陽路10號院之營區。（央視、Google Earth）

信息通信第一旅（61623部隊）於北京市昌平區陽坊鎮沙陽路10號院之營區。（央視、Google Earth）

（左）信息通信第一旅（61623部隊）長途電話站於北京市海淀區萬壽路甲27號之營區。（央視、Google Earth）

（右）信息通信第一旅（61623部隊）二營一連（21分隊）於北京市房山區竇店鎮望楚之營區。（央視、Google Earth）

信息通信第一旅（61623部隊）於北京市房山區竇店鎮望楚之新兵營。（央視、Google Earth）

2.信息通信基地直屬信息通信第二旅

● 代號：61068部隊

● 地址：西安市長安區韋曲西街209號（皇浦營區）

● 座標：34.1657,108.9316

信息通信基地分駐於五大戰區之通信旅／團

1. 東部信息通信旅

- 代號：31121部隊
- 地址：江蘇省南京市玄武區板倉街111號
- 座標：32.0768,118.8237
- 人物：50分隊（某營）營教導員：李攀 中校

東部信息通信旅 34分隊

代號：不詳
地址：江蘇省蘇州市張
　　　家港市
座標：不詳

東部信息通信旅 50分隊（某營）

代號：不詳
地址：江西省南昌市新建區望城
　　　鎮新城大道（南昌營區）
座標：28.6789,115.786

東部信息通信旅 58分隊

代號：不詳
地址：江西省景德鎮市浮
　　　梁縣洪源鎮
座標：不詳

東部信息通信旅 某分隊

代號：不詳
地址：江蘇省揚州市儀徵
　　　市馬集鎮銅山村
座標：32.346,119.1122

東部信息通信旅 某分隊

代號：不詳
地址：浙江省紹興市諸
　　　暨市東旺路南環
　　　花園東北側
座標：29.6904,120.2616

2024年1月31日,南昌市青聯團市委劉眾星同東部信息通信旅(31121部隊)50分隊(某營)營教導員李攀中校(右二)慰問該分隊官兵代表及家屬。(南昌市青聯)

上文有提及,信息通信旅／團主要任務之一為戰區聯指中心與戰區部隊之通信保障。東部信息通信旅(31121部隊)營區(左)位於南京市玄武區板倉街111號,東部戰區聯指中心通信保障隊(31106部隊)就在其南側(右),兩單位性質相似、營區比鄰而居,後方就是位於紫金山內的東部戰區聯指中心。(Google Earth)

(左)東部信息通信旅(31121部隊)某分隊駐江蘇省揚州市儀徵市馬集鎮銅山村之營區。(儀徵市退伍軍人服務中心、Google Earth)

(右)東部信息通信旅(31121部隊)某分隊駐浙江省紹興市諸暨市東旺路南環花園東北側之哨所。(紹興市退伍軍人事務局、Google Earth)

2. 東部信息通信團

- 代號：31131部隊（原代號73680部隊）
- 地址：江蘇省南京市江寧區弘景大道（方山山腳下）
- 座標：31.9132,118.8731
- 人物：團長：李光 中校

  政治處：楊逸凡 少校

（左）東部信息通信團（31131部隊）團長李光中校（左）。（南京宇通實驗學校）
（右）東部信息通信團（31131部隊）政治處楊逸凡少校。（南京宇通實驗學校）

東部信息通信團 訓練基地

代號：不詳
地址：江蘇省南京市溧水區徐母塘
座標：31.72,118.9801
東部信息通信團（31131部隊）訓練基地位於其營區東南23公里處之溧水區徐母塘，該團亦常自其南京市江寧區營區出發，經G25公路往南機動至該訓練基地訓練。

東部信息通信團（31131部隊）機動通信連之車輛時常自其營區（左）至訓練基地（右）開展野外通信保障演訓。（央視、Google Earth）

3.南部信息通信旅

- 代號：75841部隊
- 地址：湖南省長沙市芙蓉區張公嶺村楊家灣路99號
- 座標：28.2269,113.0475
- 人物：旅長：范樂輝 大校

  政委：戴汝標 大校

  鄒亮、李風 上校

  幸雁勇、鄒朋、左向東 中校

  某科：肖科長（全名不詳，少校軍銜。）

  章佳楓 少校、？澄澄 少校（姓氏不詳）

2024年11月底，長沙當地小學參訪南部信息通信旅（75841部隊）機關。（中國官媒、Google Earth）

左圖右起、右圖左起：2022年1月27日，湖南省委會副書記、省長毛偉明在長沙走訪南部信息通信旅（75841部隊）機關，幸雁勇 中校、鄒朋 中校、鄒亮 上校、戴汝標 大校政委、范樂輝 大校旅長、李風 上校、左向東 中校、？澄澄 少校（姓氏不詳）列席。（新聞畫面）

（左）南部信息通信旅（75841部隊）某科肖科長（右二）出席2023年長沙市實驗中學高一軍訓開營儀式。（長沙市實驗中學）

（右）南部信息通信旅（75841部隊）章佳楓少校於長沙鐵路第一中學2023級高一新生軍訓講課。（長沙鐵路第一中學微信公眾號）

南部信息通信旅 45分隊

代號：不詳
地址：廣東省惠州市惠東縣稔山鎮
座標：22.8391,114.8096

南部信息通信旅 48分隊（通信連）

代號：無
地址：廣東省肇慶市
座標：不詳

南部信息通信旅 60分隊

代號：不詳
地址：貴州省貴陽市解放路201號
座標：26.5632,106.7123

南部信息通信旅 60分隊4營

代號：不詳
地址：雲南省德欽縣香格里拉縣旺池路
座標：27.7981,99.6986

南部信息通信旅 60分隊四營五連

代號：不詳
地址：雲南省德欽縣荷香中路
座標：28.4778,98.9162

南部信息通信旅 65分隊（通信連）

代號：無
地址：貴州省安順市西秀區
座標：不詳

南部信息通信旅 90分隊

代號：不詳
地址：廣西壯族自治區北海市海城
　　　區北部灣東路
座標：21.4979,109.1502

南部信息通信旅 中山哨所（非官方番號）

代號：不詳
地址：廣東省中山市石岐街道民生社區
座標：22.5199,113.3721

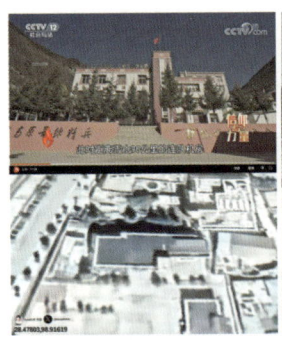

南部信息通信旅 62分隊

代號：不詳
地址：湖北省孝感市大悟縣關鎮王
　　　家橋山莊路（王家橋營區）
座標：31.5506,114.1097

南部信息通信旅 62分隊

代號：不詳
地址：雲南省德欽縣
座標：不詳

南部信息通信旅 100分隊

代號：不詳
地址：廣州市白雲區京溪梅賓北路
座標：23.1837,113.3189
人物：教導員：江志威 中校

（左）南部信息通信旅（75841部隊）60分隊四營五連於雲南省德欽縣荷香中路之哨所，片中內容可知，其維護國防光纜之範圍至少達方圓90公里。（央視、Google Earth）

（右）南部信息通信旅（75841部隊）60分隊四營於雲南省德欽縣香格里拉縣旺池路之營區。（央視、Google Earth）

4.南部信息通信團

　　● 代號：75842部隊

　　● 地址：廣東省廣州市天河區伍仙橋街220號（此處為前廣州軍區後勤部營區）

　　● 座標：23.1704,113.308

　　● 人物：黨委書記、政委：尹志君 上校

　　　　　副政委、紀委書記：向丹 中校

　　　　　政治處主任：顧亞強 中校

　　　　　陳鵬 少校（某營副教導員，2015年9月畢業於南京政治學院，研究生學歷，2022年度工作表現優異記三等功。）

　　　　　廣東省廣州市越秀區東山街道樂景社區某分隊主官：吳曉峰（級職不詳）

南部信息通信團 某分隊

代號：無
地址：廣東省廣州市越秀區東山街道樂景社區
座標：23.123,113.3

暨南大學文學院師生與南部信息通信團（75842部隊）時常進行文化交流並簽署共建協議，該團黨委書記、政委尹志君上校亦常參加此類活動。（暨南大學文學院）

（左）南部信息通信團（75842部隊）機關。（永不消逝的電波PLA、Google Earth）

（右）南部信息通信團（75842部隊）某分隊駐廣州越秀東山街道樂景社區哨所。（東山街道、Google Earth）

承上右圖，該分隊主官吳曉峰（黃圈內）出席「2018東山街-75842部隊文藝「雙結對」「慶八一」」文藝演出。（廣東科技報健康養生周刊）

5.西部信息通信旅

- 代號：78156部隊
- 地址：重慶市九龍坡區石橋鋪正街254號
- 座標：29.5299,106.4713
- 人物：政治工作部主任：鐘定航 上校

　　　工程師：王建威 中校

　　　人力資源科幹事：陳一桐、李知瑾 少校

西部信息通信旅 某連

代號：無
地址：青海省格爾木市唐古拉山鎮
座標：34.2164,92.4459

西部信息通信旅 六營二連

代號：無
地址：甘肅省酒泉市肅北蒙古族自治縣馬鬃山鎮（馬鬃山哨所）
座標：41.8099,97.0306

西部信息通信旅 13分隊

代號：無
地址：四川省遂寧市船山區香山街
座標：30.5161,105.6174

西部信息通信旅 50分隊

代號：無
地址：四川省成都市青羊區
座標：不詳

西部信息通信旅 51分隊

代號：無
地址：四川省成都市新津縣
座標：不詳

西部信息通信旅 62分隊

代號：無
地址：重慶市涪陵區
座標：不詳

西部信息通信旅 80分隊

代號：無
地址：甘肅省張掖市甘州區
座標：不詳

（左）西部信息通信旅（78156部隊）旅徽。（西部戰區）
（右）西部信息通信旅（78156部隊）政治工作部主任鐘定航上校（左三）。（自貢發佈）

（左）西部信息通信旅（78156部隊）巡線兵，圖中國防光纜標柱上寫有該旅代號。（永不消逝的電波PLA）

（左）西部信息通信旅（78156部隊）工程師王建威中校，2018年攝於該旅某連青海省格爾木市唐古拉山鎮哨所。（央視）

（右）西部信息通信旅（78156部隊）人力資源科幹事陳一桐少校（左一）、政治工作部主任鐘定航上校（左二）、人力資源科幹事李知瑾少校（右一）向重慶高新實驗一小贈送錦旗。（重慶高新實驗一小）

（左）西部信息通信旅（78156部隊）六營二連於甘肅酒泉馬鬃山之哨所。（央視、Google Earth）

（右）西部信息通信旅（78156部隊）13分隊於四川省遂寧市船山區香山街之哨所。（遂寧發布、Google Earth）

6.西部信息通信團

- 代號：78167部隊
- 地址：四川省成都市新都區寶光大道南段（招標地址多登記於青羊區紅星路一段136號。）
- 座標：30.8164,104.1441
- 人物：團長：曾智 上校（前團長為張曉平上校）

    副團長：袁斌 中校

    副參謀長：魏楊倬 少校

西部信息通信團 教導隊 (有新兵時編成)

代號：不詳
地址：四川省成都市雙流區新興街道九龍路
座標：30.4856,104.1525

西部信息通信團 某營

代號：不詳
地址：四川省成都市龍泉驛區文柏大道
座標：30.5347,104.2594

西部信息通信團 50分隊

代號：不詳
地址：四川省成都市青羊區武都路（西部戰區司令部營區西北側）
座標：30.6835,104.0608

西部信息通信團 56分隊

代號：不詳
地址：四川省成都市邛崍市
座標：不詳

西部信息通信團 二營一連 (61分隊)

代號：不詳
地址：四川省成都市新都區南街社區一帶
座標：不詳

西部信息通信團 80分隊

代號：不詳
地址：四川省成都市青羊區紅星路一段136號（同81分隊）
座標：30.6674,104.083

西部信息通信團 81 分隊

代號：不詳
地址：四川省成都市青羊區紅星路
　　　一段136號（同80分隊）
座標：30.6674,104.083

西部信息通信團 90 分隊

代號：不詳
地址：四川省成都市雙流縣
座標：不詳

（左）2023年春節前，成都市新都區區委書記王忠誠走訪慰問西部信息通信團（78167部隊）機關，並同官兵合影。（成都市新都區退役軍人事務局、Google Earth）

（右）西部信息通信團（78167部隊）副參謀長魏楊倬少校2023年10月7日出席四川護理職業學院2023級新生軍訓開訓動員。（四川護理職業學院）

（左）西部信息通信團（78167部隊）50分隊接受成都市青羊區共青團慰問，其駐地位於西部戰區司令部營區西北側，衛照中設施應為其油庫。（青羊共青團、Google Earth）

（右）西部信息通信團（78167部隊）團機關、80分隊與81分隊駐地。（四川省成都市第十一中學、Google Earth）

7. 北部信息通信旅

- 代號：31401部隊
- 地址：遼寧省大連市沙河口區玉華街13號
- 座標：38.9041, 121.5931
- 人物：黃云龍 上校、郇利亞 少校

北部信息通信旅 技術支援營

代號：不詳
地址：山東省濟南市歷下區窯頭路1號
座標：36.6554, 117.0719

北部信息通信旅 某分隊文登站

代號：不詳
地址：山東省威海市文登區龍山街道三里河村（揚帆大飯店對面）
座標：37.2116, 122.0507

北部信息通信旅 80分隊（前某通信總站）

代號：不詳
地址：內蒙古呼和浩特市新城區愛民街43號（武警內蒙古總隊西側）
座標：40.8445, 111.6799

北部信息通信旅 80分隊某部

代號：不詳
地址：內蒙古呼和浩特市新城區三合村40號
座標：40.8511, 111.6943

北部信息通信旅 某分隊榮成站

代號：不詳
地址：山東省威海市榮成市青山中路396號
座標：37.1671, 122.4341

北部信息通信旅 70分隊

代號：不詳
地址：林省長春市朝陽區衛星路24號
座標：43.8287, 125.2987

北部信息通信旅 80分隊某部

代號：不詳
地址：內蒙古呼和浩特市回民區刀刀板村北
座標：40.8168, 111.5766

北部信息通信旅 70分隊

代號：不詳
地址：山東省海陽市海政路西兵營（與海陸第六旅〔92735部隊〕同營區。）
座標：36.7741, 121.1468

北部信息通信旅 120分隊

代號：不詳
地址：遼寧省大連市沙河口區玉華街13號（同旅機關）
座標：38.9041,121.5931

北部信息通信旅 125分隊

代號：不詳
地址：遼寧省本溪市
座標：不詳

北部信息通信旅 126分隊

代號：不詳
地址：遼寧省大連市
座標：不詳
電話：0331-830086、18900990070

北部信息通信旅 八營二連四排（132分隊）

代號：不詳
地址：遼寧省本溪市
座標：不詳

北部信息通信旅 141分隊

代號：不詳
地址：內蒙古自治區興安盟烏蘭浩特市
座標：不詳

北部信息通信旅 142分隊

代號：不詳
地址：吉林省四平市雙遼市
座標：不詳

北部信息通信旅（31401部隊）黃云龍上校（左圖右四）與郇利亞少校（左圖右三）出席2023年8月山東省平度第一中學軍訓開訓典禮。（山東省平度第一中學）

8.北部信息通信團（一）

前身為原瀋陽軍區通信二團（65042部隊）

- 代號：31411部隊
- 地址：遼寧省瀋陽市鐵西區瀋遼路2甲3號
- 座標：41.7601,123.2758
- 人物：團長：牛立平 上校

北部信息通信團（一）某通信營

代號：不詳
地址：吉林省通化市東昌區保安路
座標：41.7153,125.9822

9.北部信息通信團（二）

- 前身為原濟南軍區第三通信總站（代號未更改）
- 代號：72672部隊
- 地址：山東省青島市平度市濟南路6號
- 座標：36.7813,119.9480
- 人物：待尋

10.中部信息通信旅

- 代號：66389部隊（原為前63集團軍代號，該集團軍撤銷後，老號新用。）
- 地址：河南省鄭州市回族區航海東路1316號

● 座標：34.7229,113.7435
● 人物：副政委：王志遠 上校

周福斌 中校（1985年2月出生，2007年6月入伍，2020年因表現突出記個人三等功。）

中部信息通信旅 河東營區 （非官方番號）

代號：不詳
地址：天津市河東區真理道1號（此營區原為北京軍區第3通信總站，代號為66008部隊）
座標：39.1532,117.246
備註：天津市人大常委會主任喻雲林曾於2024年2月8日走訪慰問此營區。

中部信息通信旅 徐家灣營區 （非官方番號）

代號：不詳
地址：湖北省武漢市武昌區下徐家灣7號
座標：30.5396,114.3335

中部信息通信旅 六營五連二排

代號：無
地址：湖北省武漢市江岸區育欣路
座標：30.6139,114.2795

中部信息通信旅 七營

代號：不詳
地址：陝西省漢中市漢台區
座標：不詳

中部信息通信旅 七營三連 （73分隊）

代號：無
地址：陝西省延安市寶塔區小溝坪路
座標：36.60821,109.45741

中部信息通信旅 50分隊

代號：不詳
地址：河南省焦作市高新區
座標：不詳

中部信息通信旅 64分隊

代號：不詳
地址：湖北省荊門市掇刀區地稅路
座標：30.982,112.1842

中部信息通信旅 某分隊

代號：不詳
地址：湖北省荊門市東寶區栗溪鎮
座標：31.2769,112.0021

中部信息通信旅 某通信營

代號：不詳
地址：北京市海淀區徐各莊村大覺寺
　　　路
座標：40.0538,116.1162

中部信息通信旅 某通信營
（61469部隊）某分隊

代號：61469部隊
地址：河北省保定市淶源縣烏龍溝
座標：39.4830,114.9576

中部信息通信旅 某通信營

代號：61469部隊
地址：河北省石家莊市裕華區槐北
　　　路406號
座標：38.0308,114.5536

中部信息通信旅 衛訓隊

代號：不詳
地址：山西省太原市小店區北營龍
　　　城北街
座標：37.7787,112.5664

（左）中部信息通信旅（66389部隊）機關大樓。（鄭州機關黨建、Google Earth）
（右）中部信息通信旅（66389部隊）副政委王志遠上校（右一）2019年2月走訪慰問鄭州市公安局。（鄭州市公安局經濟技術開發區分局）

（左）中部信息通信旅（66389部隊）埋設於天津地鐵天拖站A出口旁（座標：39.1077,117.1425）之軍用光纜。

（左）中部信息通信旅（66389部隊）位於天津市河東區真理道某單位之營區，該營區原為北京軍區第3通信總站。（天津日報、Google Earth）

（右）承上，該營區之後門，拍攝座標：39.1578,117.2463。

（左）中部信息通信旅（66389部隊）六營五連二排位於湖北省武漢市江岸區育欣路之營區。（武漢市江岸區圖書館、Google Earth）

（右）承上，該單位之番號出現於營區影像中。（武漢市江岸區圖書館）

11. 中部信息通信團

- 代號：66736部隊
- 地址：北京市石景山區五里坨街道隆恩寺路99號
- 座標：39.9663,116.1213
- 人物：團長：朱景剛 中校（判斷現已晉升上校）

  政委：吳忠範 上校(前政委有蔣艷明上校〔至少任職至2016年底〕、李樹龍上校〔至少任職至2019年底〕。)

  參謀長：羅星華 中校

  政治工作處主任：褚松磊 中校

  第二營教導員：王方（女）少校

  李澤坤、張家峰 少校

  幹事：趙宛宜 少校（軍銜為推測）

中部信息通信團 一營二連

代號：無
地址：北京市門頭溝區軍庄鎮香峪
座標：39.9965,116.128

（左）中部信息通信團（66736部隊）團長朱景剛中校。（北京市海淀區蘇家坨鎮人民政府）
（右）中部信息通信團（66736部隊）政治工作處主任褚松磊中校（左一）。（北京市密雲區教育委員會）

（左）左二起（士官兵略過不計）：中部信息通信團（66736部隊）李澤坤少校、政委吳忠範上校、參謀長羅星華中校、張家峰少校。（平安建設辦公室）

（右）中部信息通信團（66736部隊）參謀長羅星華中校。（平安建設辦公室）

（左）中部信息通信團（66736部隊）一營二連駐北京市門頭溝區軍庄鎮香峪之哨所。（軍庄中心、Google Earth）

（右）承上，該哨所主樓正門。（軍庄中心）

信息通信基地下轄之其他單位

1. 某訓練基地

    ● 代號：不詳

    ● 地址：海南省海口市龍華區華墾路

    ● 座標：20.0139,110.3078

信息通信基地（61001部隊）於海南省海口市龍華區華墾路某訓練基地。（永不消逝的電波PLA、Google Earth）

2. 某訓練基地

● 代號：不詳

● 地址：山東省青島市即墨市山大南路

● 座標：36.3562,120.6755

信息通信基地（61001部隊）於山東省青島市即墨市山大南路某訓練基地。（永不消逝的電波PLA、Google Earth）

7

編制與部署（三）：戰場環境保障基地、技術偵察基地、三一一基地

戰場環境保障基地／解放軍第三十五試驗訓練基地

- 代號：32020部隊
- 地址：湖北省武漢市武昌區東湖東路15號
- 座標：30.5351, 114.3867
- 人物：司令員：王治超 大校

  副政委：賈宗智 大校

  參謀長：吳樹鋒 大校

  某處處長：翁呈華 上校　穆晗 上校

2024年8月1日，湖北省人大常委會黨團書記、常務副主任王艷玲至戰場環境保障基地（32020部隊）走訪慰問，該基地司令員等主官與會。（湖北政協）

戰場環境保障基地（32020部隊）參謀長吳樹鋒大校（左）2022年11月5日出席中國地質大學校史館開館儀式。（中國地質大學）

戰場環境研究所

- 代號：61540部隊（原總參測繪局測繪研究所、戰略支援部隊戰場環境研究所）
- 地址：北京市朝陽區民族園路8號院
- 座標：39.9805,116.3823
- 人物：前所長：李永興 大校
  　　　前政委：孫中苗 大校

西安分部（非官方番號）

代號：無
地址：陝西省西安市碑林區文藝路街道雁塔路中段1號
座標：34.2326,108.96

（左）2019年1月21日，原戰略支援部隊戰場環境研究所時任所長李永興大校。（天津大學海洋科學與技術學院）

（右）2019年4月10日，原戰略支援部隊戰場環境研究所時任所長李永興大校與政委孫中苗大校。（新浪微博）

據網民所述，該研究所人員不時會前往一線部隊調研以驗證或取得戰場測繪之參考數據。（百度知道）

技術偵察基地

　　五大戰區各編制一個技術偵察基地，其前身為原七大軍區司令部所屬的技術偵察局、原空軍所屬第一，第二技術偵察局加上原總參三部所屬第四、第五、第六技術偵察局，全部調整並重新組成東、南、西、北、中部技術偵察基地（副軍級單位）。技術偵察基地基本任務導向為偵

測，蒐集各戰區潛在作戰對象所有的通信、雷達電子信號情報及從事戰場網絡作戰，亦符合信息支援部隊的任務特性。

2024年4月19日信息支援部隊成立後，各技術偵察基地自戰略支援部隊轉隸於信息支援部隊。另網絡空間部隊（原戰略支援部隊網路系統部）還轄原總參三部各技術偵察局（其中四局、五局、六局已在信息支援部隊成立前撤銷或轉隸），及網絡安全基地（副軍級單位）。且在信息支援部隊成立前為戰略支援部隊直屬。

1.東部技術偵察基地

- 代號：32046部隊
- 地址：江蘇省南京市棲霞區仙隱北路9號（此營區為原空軍司令部第二技術偵察局機關。）
- 座標：32.106,118.9017
- 人物：司令員／政委：朱凱 大校

  副政委兼紀委書記：陳文煒 大校（亦為江蘇省人大代表。）

  政治工作部處長：張琦 上校

  政治工作部保衛處幹事：張家禕 少校

第六處（原網絡系統部技偵第六局）

代號：61726部隊
地址：湖北省武漢市洪山區吳家灣特1號
座標：0.5119,114.3827

第六處（原網絡系統部技偵第六局）
九真山營區（非官方番號）

代號：無
地址：湖北省武漢市蔡甸區九真山
座標：30.4772,113.9164

（左）2022年6月，東部技術偵察基地（32046部隊）朱凱大校（左）（司令員或政委）至寧都縣小布中小學調查指導「國防教育基地」建設工作並簽訂援建協議。（寧都縣教育局）

（右）2018年7月30日下午，省人大代表、東部技術偵察基地（32046部隊）副政治委員兼紀委書記陳文煒大校應江蘇省檢察院邀請，至該院視察檢察工作。（江蘇省人民檢察院）

東部技術偵察基地（32046部隊）技術支援營教導員程哲宏少校（左）、其妻子陳燕（右）及其女（中）。（中國共產黨南京市棲霞區委員會宣傳部）

武漢東湖新技術開發區2020年10月20日〈對市十四屆人大五次會議第20200064號建議的答覆〉通稿顯示61726部隊（原網絡空間部隊技術偵察第六局）上級單位為32046部隊（東部技術偵察基地），表明原網絡空間部隊技術偵察第六局極可能在彼時就已轉隸為東部技術偵察基地第六處。（武漢東湖新技術開發區）

2.南部技術偵察基地

● 代號：32053部隊

● 地址：廣東省廣州市白雲區上坑路白雲大道南路788號（松林山莊）

● 座標：23.1817,113.2829

● 人物：不詳

某工作處

代號：78020部隊
地址：雲南省昆明市呈貢區斗南街道小古城社區天太廟旁
座標：24.9261,102.7988
人物：不詳

昆明经济技术开发区管理委员会中国（云南）自由贸易试验区昆明片区管理委员会关于呈贡区第四届人大二次会议第42005号建议答复的函

发布时间：2023-06-01 15:01 浏览次数：60 字号：[大 中 小]

李应龙代表：

您提出的《关于消除大洛羊社区农田内部队废弃天线安全隐患问题》的建议已收悉，昆明经开区（自贸试验区昆明片区）管委会高度重视，责成我区社会事务局双拥办牵头研究办理，现答复如下：

一、基本情况

驻区78020部队现有约30根废弃天线阵地，设置在大洛羊社区基本农田内，存在影响居民人身安全的较大隐患，天线年久失修，近年已发生3起天线掉落砸坏大棚从农作物事件。大洛羊社区一直在积极与部队协商处理该问题，但至今部队也未进行拆除或加固。

二、意见建议办理情况

区双拥办分别于4月11日、5月16日、5月18日三次与人大代表及78020部队代表就进行了协商，三方就消除废弃天线安全隐患问题表达成以下共识：1.部队积极向上级机关汇报，申请拨给拆除废弃天线所需经费；由部队配合街道办事处及社区居委会与涉及青苗补偿的农户进行协商。2.在废弃天线拆除前，由78020部队做好废弃天线安全维护工作，消除危害农田设施及耕作人员人身安全的隐患问题。

三、下一步工作方向

我区将继续加强部队与社区的协调沟通，对部队天线拆除后续工作进展情况和效果进行跟踪收集，向代表进行通报。

感谢您对昆明经开区（自贸试验区昆明片区）管委会工作的关心和支持。

联系人及电话：周珂，0871-68163787，13888401337

昆明國家級經濟技術發展區已過〈昆明經濟技術開發區管理委員會中國（雲南）自由貿易試驗區昆明片區管理委員會關於呈貢區第四人大二次會議第42005號建議答覆的函〉內容顯示：南部技術偵察基地（32053部隊）某工作處（78020部隊）在雲南省昆明市呈貢區大洛羊社區農田內有已廢棄之天線。

3.西部技術偵察基地

● 代號：32058部隊

● 地址：四川省成都市龍泉驛區柏合鎮錦泰花園附1號

● 座標：30.5277,104.2518

● 人物：組織處處長：王戰平（軍銜不詳）

直屬技術偵察大隊

代號：78011部隊
地址：西藏自治區拉薩市城關區金珠西路171號
座標：29.6495,91.0318
人物：政委：黃宗文 大校
　　　王冬雙、李亦彭 上校

直屬技術偵察大隊 四一三營區

代號：無
地址：西藏拉薩市堆龍德慶區乃瓊鎮林瓊崗路
座標：29.6406,91.0226
人物：不詳

戰場網絡作戰大隊

代號：78012部隊
地址：四川省成都市武侯區二環路南三段7號
座標：30.623,104.0577
人物：不詳

某工作處

代號：78016部隊
地址：四川省成都市大邑縣晉原鎮梁坪社區16組39號／3組39號
座標：30.5876,103.4879
人物：不詳

2020年5月12日，西部技術偵察基地（32058部隊）直屬技術偵察大隊（78011部隊）與西藏職業技術學院座談，該單位政委黃宗文大校（左圖遠至近右三、右圖前排左一）、王冬雙（左圖近至遠右一）、李亦彭上校（右圖前排右一）與會。（西藏職業技術學院）

先前中國安洵公司文件外洩，該公司台賬顯示前戰略支援部隊西部技術偵察基地（32058部隊）戰場網絡作戰大隊（78012部隊）曾於2020年12月購買安洵公司服務。（四川安洵合同台賬）

64	/	安全	内部	境外链路租用合同	新疆绿洲经济研究所	新疆绿洲经济研究所	2020.10	120000.00	境外链路租用2条	黄晋平
65	/	安全	非密	产品销售合同	江苏全信安全科技有限公司	江苏全信安全科技有限公司	2020.12.3	14000.00	科学上网盒子2套	陈诚
66	/	公安	非密	产品销售合同	玉溪市公安局	玉溪市公安局	2020.12.1	52000.00	科学上网盒子2套	罗山
67	/	安全	非密	专用邮箱取证平台采购合同	重庆市会议研究所	重庆市社会问题研究所	2020.11.16	695000.00	GMAIL邮件取证平台1套（2年）	陈诚
68	/	公安	非密	产品销售合同	义乌市公安局	义乌市公安局	2020.10.16	98000.00	特定网站技术服务2020.10.16-2020.11.30	强紫沛
69	/	公安	内部	技术服务合同	钱旅	海南省公安厅	2020.12	298000.00	每月更新2-4次，每次提供10-15个邮箱数据（共6月）	朱晓娟
70	/	安全	非密	产品销售合同	九三八单位	湖北安全	2020.12.21	105000.00	ANS1套	陈诚
71	CS2002	企业	非密	软件开发合同	四川省欣兴贸易发展有限责任公司	四川省欣兴贸易发展有限责任公司	2020.11.30	395000.00	Roof Linux远程管理平台	陈诚
72	/	公安	非密	产品购销合同	福建省通信息品产业发展有限公司	漳州市公安局网络安全保卫支队	2020.12.10	80000.00	单兵工具箱1套	周伟伟
73	/	公安	非密	技术服务合同	盐城市公安局	盐城市公安局	202011.12	72900.00	网安实战技能竞赛平台搭建及保障	陈诚
74	/	军工	秘密	产品销售合同	中国人民解放军78012部队	中国人民解放军78012部队	2020.12	480000.00	实训·实战平台	强紫沛
75	/	安全	非密	技术服务合同	深圳道县网络科技有限公司	云南省安全厅信息技术处	2021.1	10000.00	匿名网络单向流量伪造设（科学工网盒子）	罗山
76	/	公安	非密	产品销售合同	厦门英宝柏纪信息股份有限公司	昆明市公安局	2021.2.4	386000.00	科学上网盒子5.2W 网神应急响应分析装备系统33.4W	罗山
77	/	公安	非密	技术服务合同	盐城市公安局	盐城市公安局	2021.1.5	198000.00	案件支撑技术项目支撑服务	陈诚
78	/	企业	非密	网络设备安全性测试项目	北京计算机及及应用研究所	北京计算机及及应用研究所	2021.2.4	5800000.00	提供网络设备一路由器安全性测试工具6个	董鹏亮
79	/	公安	非密	购销合同	安徽兖创智能科技有限公司	芜湖市公安局	2021.3.10	600000.00	研发测试工具箱·逆向分析工具箱·安全攻击工具箱·远程控测工具箱	罗山
80	/	公安	非密	产品销售合同	云南省公安厅	云南省公安厅	2021.1.30	50000.00	匿名支付套件	陈诚
81	/	公安	非密	产品销售合同	重庆安云网络科技有限公司	重庆市公安局	2021.3.17	150000.00	PCM	朱晓娟
82	/	企业	非密	产品销售合同	成都市肆寒网络科技有限公司	成都市肆寒网络科技有限公司	2021.3	50000.00	匿名支付套件1套	陈诚
83	/	公安	非密	技术服务合同	大理市公安局	大理市公安局	2021.4.6	1000000.00	涉网犯罪平台的数据抓取及分析服务	陈诚
84	/	企业	非密	采购合同	北京国信安信息科技有限公司	北京国信安信息科技有限公司	2021.5.11	1086000.00	网络渗透测试系统	董鹏亮
85	AS21-CGHT-049	公安	非密	产品销售合同	成都安思科技有限公司	江苏公安	2021.5.13	186000.00	互联网多层加密传输系统（ANS）	郝子
86	/	公安	非密	产品销售合同	云南迪志网络科技有限公司	云南省公安厅	2021.5.27	150000.00	单兵工具箱1套	周伟伟

先前中國安洵公司文件外洩，該公司台賬顯示前戰略支援部隊西部技術偵察基地（32058部隊）戰場網絡作戰大隊（78012部隊）曾於2020年12月購買安洵公司服務。（四川安洵合同台賬）

4.北部技術偵察基地

● 代號：32065部隊

● 地址：遼寧省瀋陽市沈河區東大營街22號

● 座標：41.8297,123.5358

● 人物：葉健 上校

　　　參謀處參謀：王振 中校

　　　邢佳 中校

　　　金江浩 少校

第7工作處某科

代號：61415部隊
地址：內蒙古呼倫貝爾市海拉爾區八一路92號
座標：49.1922,119.7729
人物：不詳

（左）葉健上校，浙江省杭州市建德市大慈岩鎮里葉村人。（建德市精神文明建設指導中心）

（中）邢佳中校，1983年1月生，浙江省杭州市拱墅區湖墅街道人，2000年9月入伍。（杭州市拱墅區融媒體中心）

（右）金江浩少校，浙江省義烏市福田街道江北下朱人。（義烏市人民政府新聞辦公室）

中国人民解放军61415部队3616项目工程未批先建事宜

发布时间：2024-04-03　来源：巴彦托海镇　浏览次数：464　字体：[大 中 小]　　　　文本下載↓

经调查发现，中国人民解放军61415部队3616项目工程，位于鄂温克族自治旗巴彦托海镇雅尔赛嘎查，未经批准违法占用土地建设项目，该行为违反了《中华人民共和国土地管理法》第七十七条的规定。

因该工程属于国家重点国防工程建设项目，为不影响全军组网任务进度及时形成有效战斗力，在取得巴镇人民政府审批后，根据六部委文件要求具备条件的军事重点工程项目，经总后勤部基建营房部批准，可先行后补办手续。鉴于违法当事人主动上报违法情况，积极提供案件相关手续，同时依据第三方检测报告显示该项目设施占地面积小、施工简单，且该项目目前无污染源、未对周边环境及牧民生产生活产生任何不利影响。

根据《中华人民共和国行政处罚法》第三十三条的规定，本单位作出不予行政处罚决定。

北部技術偵察基地（32065部隊）第7工作處某科（61415部隊）之3616項目工程先前遭調查發現未經核准違法佔用土地建設項目。（巴彥託海鎮）

5.中部技術偵察基地

● 代號：32081部隊

● 地址：北京市海淀區香山南路8號院

● 座標：39.9765,116.1976

● 人物：政委：葉雷 大校

　　　　政治工作部主任：夏仲銀大校（前主任：邱寅海大校）

政治工作部副主任 高群 大校

人力資源處副處長：王彬睿（軍銜不詳）

第二管理處

代號：66407部隊
地址：北京市海淀區香山南路87號院
座標：39.9611,116.1991
人物：不詳

第三管理處

代號：32050部隊
地址：北京市大興區海北路58號
座標：239.7135,116.3537
人物：政委：張琪 中校
　　　某科科長：趙衛國 中校
　　　某科科長：劉韜 中校
　　　某科科長：張芳 中校
　　　幹事：覃艷（軍銜不詳）

（左）中部技術偵察基地（32081部隊）政治工作部主任夏仲銀大校。（北京市第二十中學）
（右）中部技術偵察基地（32081部隊）政治工作部副主任高群大校。（北京市第二十中學）

網路先前流傳出中部技術偵察基地（32081部隊）第二管理處（66407部隊）於北京市海淀區香山南路87號院之家屬院於2024年7月11日（第二十屆三中全會三日前）遭軍方人員管制並與家屬發生衝突之影像與地理定位。（X、Google Earth）

（左）中部技術偵察基地（32081部隊）第三管理處（32050部隊）政委張琪中校。（博雅北小）

（右）中部技術偵察基地（32081部隊）第三管理處（32050部隊）某科科長劉韜中校。（博雅北小）

三一一基地

- 代號：61716部隊
- 地址：福建省福州市鼓樓區梅竹路77號
- 座標：26.0951,119.2514
- 人物：政治工作部副主任：孟祥海 海軍上校

　　　人力資源科科長：張亦添 中校

　　　某科副科長：潘夏暉 少校

1. 政策研究中心／中國華藝廣播公司政策研究中心
    - 代號：不詳
    - 地址：福建省福州市鼓樓區梅峰路3號（同網路中心）
    - 座標：26.096,119.2541
    - 人物：不詳

2.廣播中心／海峽之聲電台

- 代號：61023部隊
- 地址：福建省福州市鼓樓區白馬北路園垱街15號（同電視宣傳中心）
- 座標：26.0826,119.2851
- 人物：不詳

宣傳站

代號：61839部隊
地址：福建省福州市晉安區秀峰路220號（同福州分台）
座標：26.1399,119.317
人物：不詳
電話：0591-88002309

12分隊（福州分台）

代號：61610部隊
地址：福建省福州市晉安區秀峰路220號（同宣傳站）
座標：26.1399,119.317
人物：某處副處長：謝密峰 中校
電話：87827822、87821890

廈門分台

代號：61676部隊
地址：福建省廈門市集美區西溪村許溪南路
座標：24.6292,118.0284
人物：不詳

古田分台

代號：61275部隊
地址：福建省寧德市古田縣新華五支路底
座標：26.5841,118.7294
人物：不詳

廈門分台

代號：61676部隊
地址：福建省廈門市集美區西溪村許溪南路
座標：24.6292,118.0284
人物：不詳

古田分台

代號：61275部隊
地址：福建省寧德市古田縣新華五支路底
座標：26.5841,118.7294
人物：不詳

佛曇分台	半山樓微波站
代號：61629部隊	代號：無
地址：福建省漳州市漳浦縣佛曇鎮沿海大通道旁	地址：福建省福州市長樂市半山樓
座標：24.1541,117.9261	座標：25.899,119.5134
人物：不詳	

佛曇分台（61629部隊）曾於2015年9月邀約漳浦二中教師入營授課。（漳浦二中）

3.電視宣傳中心／中國華藝廣播公司電視中心

- 代號：61590部隊
- 地址：福建省福州市鼓樓區白馬北路園垱街15號（同廣播中心）
- 座標：26.0826,119.2851
- 人物：不詳

4.網路中心／中國華藝廣播公司網路中心

- 代號：61070部隊
- 地址：福建省福州市鼓樓區梅峰路3號（同政策研究中心）
- 座標：26.0963,119.2554

●人物:不詳

5.宣傳品編輯中心／海風出版社
　　●代號:61198部隊
　　●地址:福建省福州市鼓樓區鼓東路187號
　　●座標:26.0926,119.3025
　　●人物:不詳

8 編制與部署（四）：
電子對抗第二旅與工程維護總隊

電子對抗第二旅

前身為總參電子對抗大隊（61906部隊）和聯參四部電子對抗二團（61251部隊）。

- 代號：32090部隊
- 地址：河北省秦皇島市撫寧縣牛頭崖鎮郭高馬坊村（秦皇島營區）
- 座標：39.8898,119.449
- 人物：旅長；王勇 大校（駐秦皇島營區）
  　　　李長峰 中校（駐郎坊營區）
  　　　高萬敬 中校（駐威海營區）
  　　　某營副營長：孟偉 少校（駐郎坊營區）

宣傳保衛科科長：劉耀文 少校（駐秦皇島營區）
劉國軍 少校（駐郎坊營區）

● 格言：無形戰線、無名英雄、無私奉獻、無上光榮（「四無」精神）。

電子對抗第二旅 鷹潭營區

代號：無
地址：江西省鷹潭市月湖區206國道
座標：26.1399,119.317
人物：不詳
電話：28.1972,117.0282

電子對抗第二旅 鷹潭訓場 (非官方番號)

代號：無
地址：江西省鷹潭市月湖區大橋村
座標：28.2366,117.1034
　　　28.2301,117.0945

電子對抗第二旅 廊坊營區

代號：無
地址：河北省廊坊市經濟技術開發區匯源道366號
座標：39.5705,116.7553
　　　39.5705,116.7597

電子對抗第二旅 林芝營區

代號：無
地址：西藏自治區林芝地區巴宜區米瑞鄉米色路1號
座標：29.4978,94.5837

電子對抗第二旅 延慶營區 (非官方番號)

代號：無
地址：北京市延慶區沈家營鎮後呂莊村
座標：40.5024,116.0606

電子對抗第二旅 威海營區

代號：無
地址：山東省威海市環翠區海埠路
座標：37.44,122.1958

電子對抗第二旅 20分隊

代號：無
地址：河北省秦皇島市撫寧縣牛頭崖鎮郭高馬坊村（同旅機關）
座標：39.8898,119.449

電子對抗第二旅 32分隊 (性質：衛星監聽站)

代號：無
地址：上海市浦東新區南蘆公路
座標：230.8913,121.8359

電子對抗第二旅 樂東營區 (性質：高頻測向系統)

代號：無
地址：海南省樂東黎族自治縣九所鎮
座標：18.4661,108.9559
備註：該營區裝備兩具HFDF系統

（左）電子對抗第二旅（32090部隊）旅徽（未拍攝完整）。（秦皇島市退伍軍人事務局）
（右）電子對抗第二旅（32090部隊）威海營區徽章。（中國共產黨威海市委員會統戰部）

（左）電子對抗第二旅（32090部隊）李長峰中校（中）。（管道局中學）
（右）電子對抗第二旅（32090部隊）宣傳保衛科科長劉耀文少校（左）。（秦皇島市實驗中學）

2023年8月1日上午,鷹潭市八一小學領導班子成員走訪慰問電子對抗第二旅(32090部隊)鷹潭營區。(鷹潭市八一小學、Google Earth)

(左)2020年7月30日,廊坊市委書記馮韶慧,市人大常委會主任蔣洪江、市委常委、祕書長張金波,市委常委、廊坊軍分區司令員白文建等走訪電子對抗第二旅(32090部隊),該旅時任領導(旅長或政委)接受慰問品。(廊坊廣播電視台)

(右)電子對抗第二旅(32090部隊)高萬敬中校與威海青威貨櫃碼頭有限公司開展軍地交流。(威海青威貨櫃碼頭有限公司)

(左)電子對抗第二旅(32090部隊)廊坊營區鳥瞰圖與衛照。(廊坊廣播電視臺、Google Earth)

(右)電子對抗第二旅(32090部隊)威海營區。(中國共產黨威海市委員會統戰部、Google Earth)

工程維護總隊

- 代號：61016部隊
- 地址：北京市昌平區南口鎮軍民路1號院
- 座標：40.249,116.1158

工程維護總隊（61016部隊）位於北京南口的師機關正門（左）與營區衛照（右）。（中國官媒、Google Earth）

　　解放軍工程兵部隊的歷史由來已久，最早可溯至1966年3月30日中共中央批轉國家建委黨組《關於施工隊伍整編為基本建設工程兵試點意見的報告》乃至1966年8月1日首批整編的基建工程兵。其最初成立動機始於中國基礎建設的嚴重缺乏與不足。現今的工程維護總隊為正師級單位，原隸屬總參謀部，經中共十八屆三中全會通過之《中共中央關於全面深化改革》第十五章：「深化國防和軍隊改革」後改隸陸軍直屬部隊，後又改隸戰略支援部隊，在2024年4月19日歸屬至新成立的信息支援部隊。

　　相比早期的建設任務導向，現今的工程維護總隊主要

擔負民生重要基建的防護及重要國防設施的建造（如相對祕密、不會責成民間建造的大型地下掩體、洞庫等）與維護工作。其訓練大綱包含五大專業（土木工程防護、給排水採暖、通風空調、供配電等）與五十二個科目。

1.下轄團／營編制

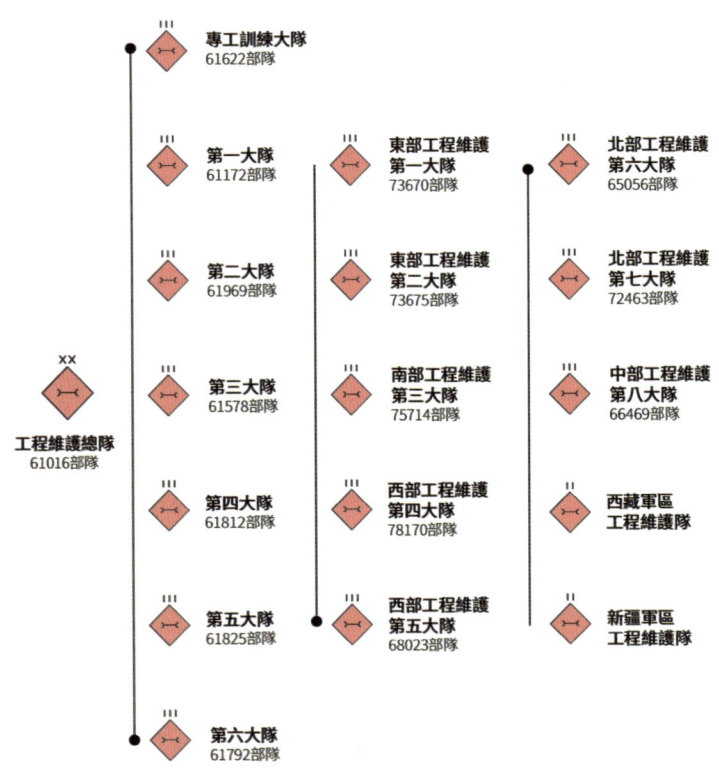

```
                        專工訓練大隊
                        61622部隊

        第一大隊         東部工程維護        北部工程維護
        61172部隊        第一大隊            第六大隊
                        73670部隊            65056部隊

        第二大隊         東部工程維護        北部工程維護
        61969部隊        第二大隊            第七大隊
                        73675部隊            72463部隊

工程維護總隊  第三大隊   南部工程維護        中部工程維護
61016部隊     61578部隊  第三大隊            第八大隊
                        75714部隊            66469部隊

        第四大隊         西部工程維護        西藏軍區
        61812部隊        第四大隊            工程維護隊
                        78170部隊

        第五大隊         西部工程維護        新疆軍區
        61825部隊        第五大隊            工程維護隊
                        68023部隊

        第六大隊
        61792部隊
```

工程維護總隊（61016部隊）編制圖。（作者自繪）。

工程維護總隊共有十四個工程維護大隊與兩個營級工程維護隊：其中六個大隊為總隊直屬，其餘八個大隊分駐於五大戰區，每個戰區駐有一或二個大隊。北部戰區兩個大隊的佈署特徵同北部戰區兩個信息通信團，因山東省在北部戰區的地域分佈上較為特殊、獨立於其他地域之外，故需兩個工程維護大隊以滿足其需求。新疆軍區和西藏軍區則各駐一個營級工程維護隊，隸屬於其軍區參謀部下轄的作戰勤務保障大隊。

　　其分駐於五大戰區的八個大隊番號為按東、南、西、北、中的連續序號：如駐於東部戰區為第一、二大隊，駐於南部戰區則為第三大隊，以此類推。駐於戰區之大隊，在權責劃分與任務特性上與信息通信基地分駐於五大戰區信息通信旅有眾多相似之處，即編制上劃分於工程總隊機關與信息通信基地機關，但在遂行任務上則為戰區機關所運用。

2.團科層架構

　　工程維護總隊下轄之工程維護大隊機關科層基本按照陸軍機關編制，並結合自身需求編組，團機關設司令部、後勤部、政治工作部，司令部下設作戰訓練股（解放軍過往工程兵單位亦有出現稱其為「工程股」）、通信股、技術股、質量安全股、機電股、軍務裝備股、機密要件股與

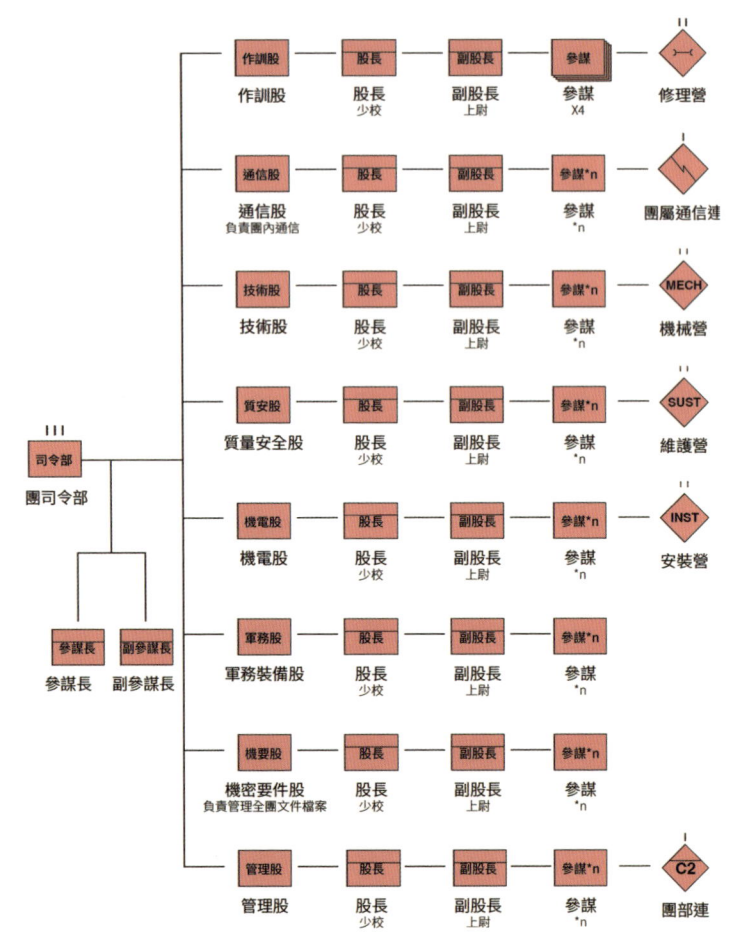

工程維護大隊科層編制圖。（作者自繪）

管理股。其編制的四個營亦按照自身專業歸屬不同部門：按順序，維護營歸屬質量安全股、機械營歸屬技術股、安裝營歸屬機電股、修理營歸屬作訓股。

　　後勤部與政治工作部科層則與陸軍單位相似，故不在此說明。

3.營編制

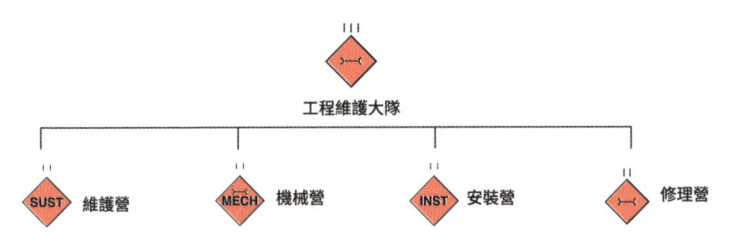

工程維護大隊與下轄營之性質示意圖。（作者自繪）

　　按當前公開資訊，工程維護大隊不同於大多數團編制下轄三個營，即三三制，其下轄四個營，分別為維護營、機械營、安裝營與修理營，每個營至少下轄五個連。維護營主要負責管道、網路線路、配電線路、建築結構等設施之維護保養工作；機械營配有挖掘機、起重機、推土機等工程車輛與機具；安裝營負責軍事設施建築、安裝電路、網路、土建防護與工事構築等工作；修理營負責車輛、建築工事結構與的修繕。

工程維護總隊直屬大隊

1.工程維護總隊直屬工程維護專工訓練大隊
● 前總參工程維護專工訓練大隊。
● 代號：61622部隊
● 地址：北京市昌平區南口鎮南雁路2號院

- 座標：40.21,116.0883
- 人物：團長（大隊長）：李清元 上校

  副大隊長：趙文波 中校

  政委：郜余兵 上校

  訓練處處長：周勇 少校

工程維護總隊直屬工程維護專工訓練大隊（61622部隊）營區。（永不消逝的電波PLA、Google Earth）

2.工程維護總隊直屬工程維護第一大隊

- 前總參工程維護第一大隊。
- 代號：61172部隊
- 地址：北京市昌平區南口鎮軍民路1號院（同總隊機關）
- 座標：40.249,116.1158
- 人物：無

工程維護第一大隊 73分隊	工程維護第一大隊 某分隊（推測）
代號：無 地址：北京市海淀區道公府路 座標：40.0001,116.2282	代號：無 地址：河北省保定市淶源縣甲村 座標：39.37081,114.75629

3.工程維護總隊直屬工程維護第二大隊

- 前總參工程維護第二大隊。
- 代號：61969部隊
- 地址：河北省保定市淶源縣開源路22號
- 座標：39.3588,114.6899
- 人物：政委：檀鵬飛 上校

工程維護第二大隊（61969部隊）位於淶源縣人民政府斜對面之營區。（保定市司法局、Google Earth）

237

4.工程維護總隊直屬工程維護第三大隊

　　●前總參工程維護第三大隊（78169部隊）。

　　●代號：61578部隊

　　●地址：湖北省十堰市房縣神農路56號

　　●座標：32.0519,110.7337

　　●人物：某營營長：蔡特 少校

工程維護第三大隊 某分隊

代號：無
地址：重慶市九龍坡區渝州路街道
座標：29.54,106.493

工程維護第三大隊 某分隊

代號：無
地址：湖北省襄陽市谷城縣茨河鎮
　　　白龍廟村
座標：32.038,111.8431

5.工程維護總隊直屬工程維護第四大隊

　　前總參工程維護第四大隊（88737部隊）。

　　●代號：61812部隊

　　●地址：湖北省襄陽市南漳縣卞和路22號

　　●座標：31.771,111.8421

　　●人物：無

工程維護總隊直屬工程維護第四大隊（61812部隊）之營區。（中國信息支援、Google Earth）

6. 工程維護總隊直屬工程維護第五大隊

前總參工程維護第五大隊。

- ●代號：61825部隊
- ●地址：山西省忻州市五台縣門限石鄉上門限石村長原線
- ●座標：38.789,113.6924
- ●人物：無
- ●電話：010-53605906

7. 工程維護總隊直屬工程維護第六大隊

- ●前總參工程維護第六大隊。
- ●代號：61792部隊
- ●地址：重慶市高新區歇台子羅漢溝1號
- ●座標：29.5436,106.489
- ●人物：無

工程維護總隊分駐於五大戰區之工程維護大隊

1. 東部工程維護第一大隊

前南京軍區第一工程維護大隊。

- ●代號：73670部隊
- ●地址：江蘇省南京市玄武區板倉街312號
- ●座標：32.0788,118.8234

●人物：副政委：周進元 中校（前副政委：蔡國躍 中校）
　　　　副團長：趙文杰 中校
　　　　前政治工作處主任：施聞 中校
　　　　政治工作處副主任：鄭錦漢 少校
　　　　某營教導員：朱小翾 少校

東部工程維護第一大隊 儀征營區
（非官方番號）

代號：無
地址：江蘇省揚州市儀徵市馬集鎮
座標：32.3525,119.1093

東部工程維護第一大隊 某分隊

代號：無
地址：福建省福州市閩侯縣
座標：不詳

東部工程維護第一大隊 某分隊

代號：無
地址：廣東省潮州市
座標：不詳

（左）東部工程維護第一大隊（73670部隊）前副政委蔡國躍中校。（央視）
（右）東部工程維護第一大隊（73670部隊）前政治工作處主任施聞中校（中）。（央視）

東部工程維護第一大隊（73670部隊）某營教導員朱小翩少校。（央視）

2.東部工程維護第二大隊

前南京軍區第二工程維護大隊。

● 代號：73675部隊

● 地址：福建省福州市閩侯縣白沙鎮孔元村

● 座標：26.2547,119.1152

● 人物：無

東部工程維護第二大隊 二營（性質：維護營）／二營加油站

代號：無
地址：福建省三明市將樂縣南口鎮井壟村
座標：26.6341,117.4485（二營加油站）、26.632,117.4607、26.618,117.449

東部工程維護第二大隊（73675部隊）二營位於福建省三明市將樂縣南口鎮井壟村之營區。（中國官媒、Google Earth）

3.南部工程維護第三大隊

● 前廣州軍區工程維護大隊。

● 代號：75714部隊

● 地址：湖南省衡陽市南岳區金沙路94號（南岳營區）

● 座標：27.2497,112.7123

● 人物：無

南部工程維護第三大隊 韶關營區

代號：無
地址：廣東省韶關市始興縣塘坳
座標：25.0467,114.0703
　　　25.0511,114.0647

南部工程維護第三大隊 某連（82分隊）

代號：無
地址：海南省五指山市草辦村
座標：18.7496,109.4832

南部工程維護第三大隊 某分隊

代號：無
地址：湖北省黃岡市麻城市龜山鎮
座標：不詳

南部工程維護第三大隊（75714部隊）某連（82分隊）位於海南省五指山市草辦村之哨所。（五指山新聞、Google Earth）

4.西部工程維護第四大隊

最早為工兵建築第103團,隸屬工兵建築第54師建制領導。代號為7985部隊,1975年改為88702部隊、88738部隊,並於該年轉隸工程兵建築第53師,又經1982年轉隸工程兵建築第52師、1983年轉隸工程維護總隊並改編為工程兵第七工程維護大隊、2012年初轉隸成都軍區建制領導,為其前身成都軍區工程維護大隊。

西部工程維護第四大隊 某分隊

代號:無
地址:四川省雅安市上里鎮
座標:30.1781,103.0662

西部工程維護第四大隊 40分隊

代號:無
地址:四川省成都市都江堰市龍池鎮
座標:31.0222,103.581

西部工程維護第四大隊 70分隊

代號:無
地址:重慶市璧山區大路街道接龍社區龍泉村
座標:29.7139,106.2733

(左)西部工程維護第四大隊(78170部隊)位於成都市新都區的團機關。(新都區人力資源與社會保障局、Google Earth)

(右)西部工程維護第四大隊(78170部隊)某分隊位於四川省雅安市上里鎮之營區。(軍營最一線、Google Earth)

西部工程維護第四大隊（78170部隊）位於四成都市都江堰市龍池鎮之營區。（龍池鎮人民政府、Google Earth）

5.西部工程維護第五大隊

前蘭州軍區工程維護大隊，資訊較少，不排除已併入西部工程維護第四大隊（78170部隊）。

- 代號：68023部隊
- 地址：甘肅省蘭州市華林路1012號
- 座標：36.0463,103.7967
- 人物：無

6.北部工程維護第六大隊

前瀋陽軍區工程維護大隊。

- 代號：65056部隊
- 地址：遼寧省鐵嶺市銀州區匯工街
- 座標：42.3142,123.834
- 人物：團長（大隊長）：劉金龍 中校（前團長：奚

春寶 上校）

政委：劉元旦 上校

副政委：劉曉杰 中校

政治工作處主任：湯軼 中校

副參謀長：户清泉 少校

　　　　（前副參謀長：劉洋 少校）

政治工作處幹事：韓洋 少校（軍銜為推測）

某機械營副營長：郭立偉 少校

北部工程維護第六大隊 3 中隊

代號：無
地址：山東省濟南市市中區四里村街馬鞍山路
座標：36.6415,117.0043

北部工程維護第六大隊 51 分隊

代號：無
地址：內蒙古自治區赤峰市
座標：不詳

（中國戰略支援微信公眾號、Google Earth）

（左）北部工程維護第六大隊（65056部隊）政委劉元旦上校（左二）、政治工作處主任湯軼中校（左一）。（遼寧職業學院學工部）

（右）北部工程維護第六大隊（65056部隊）副參謀長盧清泉少校。（遼寧職業學院）

（左）北部工程維護第六大隊（65056部隊）政治工作處主任湯軼中校。（鐵嶺衛生職業學院）

（右）北部工程維護第六大隊（65056部隊）前副參謀長劉洋少校。（遼寧省人民政府徵兵辦公室）

北部工程維護第六大隊（65056部隊）3中隊位於山東省濟南市市中區四里村街馬鞍山路之哨所。（濟南市婦女兒童活動中心、Google Earth）

7.北部工程維護第七大隊

前濟南軍區工程維護大隊。

- 代號：72463部隊
- 地址：山東省濟南市槐蔭區淄博路
- 座標：36.6864,116.9126
- 人物：副團長：姜磊 中校
  政治工作處主任：劉曉杰 中校
  政治工作處幹事：李武林 少校
  某連榮譽稱號：劈山開路先鋒連（二郎山精神）

北部工程維護第七大隊 某連
（榮譽稱號：劈山開路先鋒連）

代號：無
地址：山東省濟南市槐蔭區經十西路6151號
座標：36.624,116.8203

北部工程維護第七大隊 54分隊

代號：無
地址：山東省濟南市歷城區西營街道
座標：36.4987,117.1959

（左）北部工程維護第七大隊（72463部隊）副團長姜磊中校。（許商街道辦事處）
（右）北部工程維護第七大隊（72463部隊）政治工作處主任劉曉杰中校（右）與幹事李武林少校。（濟南市槐蔭區人民政府）

（左）北部工程維護第七大隊（72463部隊）位於濟南市槐蔭區淄博路的團機關。（搜狐網、Google Earth）

（右）北部工程維護第七大隊（72463部隊）劈山開路先鋒連位於濟南市槐蔭區經十西路6151號之營區。（優酷、Google Earth）

8.中部工程維護第八大隊

前北京軍區工程維護大隊。

- ●代號：66469部隊
- ●地址：北京市石景山區五里坨街道
- ●座標：39.9750,116.1202
- ●人物：政委：孫同軍 上校

　　　　副政委：郭素文 中校

中部工程維護第八大隊 某分隊

代號：無
地址：北京市門頭溝區潭柘寺鎮魯家灘村
座標：39.8864,116.0416

中部工程維護第八大隊 73分隊

代號：無
地址：河北省承德市興隆縣興隆鎮
座標：40.4328,117.4929

中部工程維護第八大隊 某中隊

代號：無
地址：天津市西青區
座標：不詳

中部工程維護第八大隊（66469部隊）位於北京市石景山區五里坨街道的團機關。（石景山區委宣傳部、Google Earth）

後記

　　本書的主角之一──中共官媒，其寫作組喜歡使用諧音作為化名。而「請支援搜尋」這具諧音意涵、通俗易懂的書名則是郝先生取的，趕上諧音梗潮流的同時，也蘊含值得玩味的時代意義。

　　此為多數台灣人赴全聯超市購物的共同記憶。當人手不足時，賣場廣播便會響起那句熟悉的「請支援收銀」。相信在中共當局對我國軍事施壓日漸頻繁的今日，此話也是許多中共研究者的心願。

　　郝先生在2022年中即邀約將解放軍影像分析出版成書，我逃避許久。既苦於難將圖像與隱性知識轉化為文

字,也擔心其中的隱性知識只可意會,難免遺漏。但回頭來看,2025年出版正巧趕上解放軍信息支援部隊成立一周年,使我有一個完整且無人研究過的主題可研究,也有幸在此段時間認識師長林穎佑教授並承蒙其作推薦序,細細想來,此時間出版再好不過,亦要感謝郝先生的耐心。

回想過程說來也妙,一切都始於我的好友馮艾立同學在臉書上分享解放軍地圖,和汪浩老師看到後,在2022年5月26日提出《三國演議》節目邀約。我從未聽聞有節目主持人在素未謀面的情形下做出如此大膽的邀約,若我當時婉拒或未回覆,或許現在還在從事與音樂相關的工作。為此我要感謝馮同學與汪浩老師,若沒有他們的看見,就沒有此書的產生。

四年來,我定位了一萬餘張央視新聞影像,而兩岸一直是個敏感議題,故在檢索過程中,也看見無數網友在網上關於兩岸的論辯。

的確,自2019年中共侵擾台灣西南空域至今,兩岸關係一直相對緊張,台灣社會的團結亦深受其害,取而代之的是猜忌與更多不信任。而我很珍賞劉曉波先生所言「我沒有敵人,也沒有仇恨」。在面對敵情威脅和政治對立,

許多台灣民眾皆有「懷除惡之志，卻力不能及」之痛苦，但曉波先生經危難後，依然能堅信「我無敵人」，這實在是文明修養的昇華與超越，也昭示自由世界的我們：仇恨任何一個政治光譜上對立的人並無意義。最佳途徑唯透過研究與了解，來破除對敵未知的恐懼。

值此背景，公開情報和影像分析所扮演的即是一條最簡單的途徑，因為影像是最直觀的語言，在中共研究的議題上，除學者和相關背景人士之外，普羅大眾也同有權利知曉，儘管程度不同，但學習是永無止境。

我曾在郝先生所著《台灣的未來在海洋》第269頁的訪談中告訴郝先生：

「我短期內不要再上節目去談了。」
「我希望下次發表的時候，是更不一樣的東西。」

是的，從「解放軍地圖」到《請支援搜尋！你也可以用公開資訊破解共軍行動！》共歷經四年，如今終於將影像分析以不一樣的形式呈現給大家，但初衷仍未改變，即希望更多台灣民眾能因圖像語言而對研究解放軍感興趣，進而參與這場名為公開情報的「衛國遊戲」。

為此,「請支援搜尋」不只是諧音,更是個邀請。我是約瑟,在此感謝購買此書並試圖加入這場遊戲的讀者,祝大家遊戲愉快。

溫約瑟
二〇二五年七月於台北市

24.9943, 113.4206

南部戰區空軍汽車運輸團訓場。（南部戰區空軍、Apple Maps）

Part2案例影音報導參考連結

2-1
●央視微博,〈東部戰區遠火實彈射擊現場〉,2025年4月2日。

https://weibo.com/tv/show/1034:5150953830023171?from=old_pc_videoshow

2-2
●徐飆華,〈陸軍祥豐營區彈藥庫迫砲爆炸 2士官手臂遭炸斷、7人輕傷〉,《公視新聞網》,2023年7月24日。

https://news.pts.org.tw/article/647780

2-4
●央視網頁,〈【正午國防軍事】京津冀全力防汛救援 第82集團軍某合成旅 北京房山 翻山越嶺13小時 子弟兵轉移重傷女孩〉,2023年8月4日。

https://tv.cctv.com/2023/08/04/VIDEcjhB9IZNv1Px1XxJkYYB230804.shtml?spm=C52346.PFFUsJDNPMAY.Ecv1YmkHWv7j.11

2-5
●央視網頁,〈【國防軍事早報】新時代 新征程 新偉業 陸軍第72集團軍某旅:資料賦能 推動訓練轉型升級〉,2025年6月2日。

https://tv.cctv.com/2025/06/02/VIDE12Jj7GZ4FosVt7rm6EOF250602.shtml?spm=C52346.PQw42etIf8YI.Edvk0IT63y7P.3

2-6
●央視網頁,〈【正午國防軍事】空軍航空兵某旅 長空礪劍!遠海飛行訓練錘鍊飛行員海上截擊能力〉,2022年11月18日。

https://tv.cctv.com/2022/11/18/VIDE1FooWSGBK60PMtU62OIy221118.shtml?spm=C52346.PFFUsJDNPMAY.Ecv1YmkHWv7j.16

2-7
●央視網頁,〈【軍事報道】深化政治整訓 新時代奮鬥觀 空軍地導部隊某旅:探尋時間背後的力量〉,2025年2月17日。

https://tv.cctv.com/2025/02/17/VIDEb0GnEqS48iHWbCtjbFVe250217.shtml?spm=C52346.PiumOrlYLNUM.E0VXtwLj8YU7.3

2-8
●央視網頁,〈【軍事報道】東部戰區位元台島周邊組織海空聯合戰備警巡和聯合演訓〉,2023年8月19日。

https://tv.cctv.com/2023/08/19/VIDE3h0Xwo0IJ3MUvHKpjtsO230819.shtml?spm=C52346.PiumOrlYLNUM.E0VXtwLj8YU7.2

2-9
●央視網頁,〈【軍事報道】東部戰區圓滿完成環台島戰備警巡和「聯合利劍」演習任務〉,2023年4月10日。

https://tv.cctv.com/2023/04/10/VIDEdQijtDMnuvvAUFLsdfnL230410.shtml?spm=C52346.PiumOrlYLNUM.E0VXtwLj8YU7.4

2-9
●八一青春方陣,〈表彰大會振奮人心,開訓動員激勵鬥志〉,2024年6月28日。

https://mp.weixin.qq.com/s/EIQENoYkYiNFFrRwm97Acg

2-10
●央視網頁,〈【國防軍事早報】新時代 新征程 新偉業 陸軍某旅:勇擔使命 鍛造新型戰鬥保障力量〉,2025年5月7日。

https://tv.cctv.com/2025/05/07/VIDEqua2YuFovOTjVaYyNFBb250507.shtml?spm=C52346.PQw42etIf8YI.Edvk0IT63y7P.15

2-11
●央視網頁,〈【軍事報道】直擊演訓場 精確毀傷 炮兵分隊實彈射擊考核〉,2025年6月3日。

https://tv.cctv.com/2025/06/03/VIDE5lzdHaDmfj5E4CoOsZoz250603.shtml?spm=C52346.PiumOrlYLNUM.E0VXtwLj8YU7.5

2-12
●央視網頁,〈誰是終極英雄 20230108走進英雄皮旅〉,2023年1月8日。

https://big5.cctv.com/gate/big5/tv.cctv.com/2023/01/08/VIDEqjaJvDavlybQ5wNjVeKt230108.shtml

2-13
●央視網頁,〈【國防軍事早報】中泰「突擊-2023」陸軍聯合訓練 中方參訓分隊今日抵達聯訓地域〉,2023年8月17日。

https://tv.cctv.com/2023/08/17/VIDElpvfY9Pg32J6jwCA3uub230817.shtml?spm=C52346.PQw42etIf8YI.Edvk0IT63y7P.10

2-14
●聯合新聞網,〈習近平視察軍隊「獨坐」正中間大桌的安排很罕見〉,2024年12月6日。

https://udn.com/news/story/7331/8408238?from=udn-referralnews_ch2artbottom

●人民網,〈習近平在湖南考察時強調 堅持改革創新求真務實 奮力譜寫中國式現代化湖南篇章〉,2024年3月21日。

http://politics.people.com.cn/BIG5/n1/2024/0321/c1024-40200556.html

from 161
請支援搜尋！你也可以用公開資訊破解共軍行動！

作者：溫約瑟
責任編輯：張晁銘
美術設計：簡廷昇
內頁排版：文火慢燉工作室
內頁圖表製作：烏石設計

出版者：大塊文化出版股份有限公司
　　　　台北市105022南京東路四段25號11樓
　　　　www.locuspublishing.com
　　　　讀者服務專線：0800-006689
　　　　TEL：(02)87123898
　　　　FAX：(02)87123897
郵撥帳號：18955675
戶名：大塊文化出版股份有限公司
法律顧問：董安丹律師、顧慕堯律師
版權所有　翻印必究

印務統籌：大製造股份有限公司
總經銷：大和書報圖書股份有限公司
　　　　新北市新莊區五工五路2號
TEL：(02) 89902588　FAX：(02) 22901658

初版一刷：2025年8月
初版三刷：2025年9月
定價：新台幣420元
ISBN：978-626-433-059-6
Printed in Taiwan

國家圖書館出版品預行編目（CIP）資料

請支援搜尋！你也可以用公開資訊破解共軍行動！/溫約瑟著
/-- 初版. -- 臺北市：大塊文化出版股份有限公司, 2025.08
　面；　公分. -- (from ; 161)

ISBN 978-626-7483-85-5(平裝)

1.CST: 人民解放軍 2.CST: 軍事情報

592.9287　　　　　　　　　　　　　　114010058

LOCUS

LOCUS

LOCUS

LOCUS